AF389809

ÉLÉMENTS

D'ALGÈBRE

ÉLÉMENTS D'ALGÈBRE.

Préliminaires.

1. L'Algèbre est une science qui a pour but de ramener à des règles générales la résolution de toutes les questions qu'on peut proposer sur les quantités.

Pour arriver à ce résultat, on représente les quantités par des lettres, et on emploie des signes qui indiquent des opérations à effectuer ou des relations entre les grandeurs.

Les premières lettres de l'alphabet désignent les quantités connues ou données et les dernières, les quantités inconnues.

On peut donc dire, d'une manière générale, que l'Algèbre est la science des grandeurs représentées par des lettres.

2. Les signes algébriques employés pour désigner des opérations sont $+$, $-$, $\times$, $:$, et $\sqrt{\ }$.

Le signe $+$ (prononcez plus), indique une addition : $a+b$ signifie qu'il faut ajouter a à b.

Le signe $-$ (prononcez moins), indique une soustraction ; $a-b$ signifie qu'il faut retrancher b de a.

Le signe $\times$ (prononcez multiplié par), indique une multiplication : $a \times b$ signifie qu'il faut multiplier a par b. Le signe $\times$ se remplace souvent par un point $(\cdot)$ et même il se supprime lorsque les facteurs sont représentés par des lettres : $a.b.c$ ou abc signifie qu'il faut multiplier a par b et le résultat par c.

Le signe $:$ (prononcez divisé par), indique une division : $a:b$ signifie qu'il faut diviser a par b. On indique souvent la division en mettant le dividende et le diviseur sous la forme d'une fraction ; ainsi $\frac{a}{b}$ (prononcez a sur b), signifie la même chose que $a:b$.

Enfin le signe $\sqrt{\ }$ appelé radical, indique une extraction de racine ; l'indice de la racine à extraire se met entre les deux branches du radical. Ainsi les expressions $\sqrt[3]{a}$, $\sqrt[5]{23}$,

$\sqrt[4]{c}$, indiquent qu'il faut extraire la racine carrée de a, la racine cubique de $2b$, la racine quatrième de c. Quand l'indice est 2, on le sous-entend : $\sqrt{a}$ est la même chose que $\sqrt[2]{a}$.

3. Les signes employés pour indiquer certaines relations entre des quantités sont : $=$, $>$ et $<$.

Le signe $=$ (prononcez égale), marque l'égalité entre deux quantités : $3a = b + c$, signifie que $3a$ égalent b augmenté de c. Les deux grandeurs unies par le signe $=$ sont les membres de l'égalité ; les quantités de gauche sont le premier membre, celles de droite sont le second.

Le signe $>$ (prononcez plus grand que) indique que la quantité placée à gauche du signe est plus grande que la quantité placée à droite : $a > b$ signifie que a est plus grand que b.

Le signe $<$ (prononcez plus petit que) indique que la quantité placée à gauche du signe est plus petite que la quantité placée à droite : $b < a$ signifie que b est plus petit que a.

4. On appelle coefficient un nombre ou une lettre qu'on place devant une quantité algébrique ; il indique combien de fois il faut répéter cette quantité : $4a$ signifie qu'il faut prendre 4 fois la valeur de a, et $\frac{3}{5}b$ indique qu'il faut prendre 3 fois la cinquième partie de b. Le coefficient 1 se sous-entend toujours : ainsi a est la même chose que $1a$.

5. On appelle exposant un nombre ou une lettre qu'on place à droite et un peu au-dessus d'une quantité ; il indique combien de fois cette quantité est prise comme facteur : b^3 (prononcez b trois ou b à la troisième puissance) signifie que b est pris 3 fois comme facteur ; c'est l'abrégé de $b \times b \times b$: a^m signifie que a est pris m fois comme facteur ; et $(a - b)^2$ indique la deuxième puissance de a diminué de b. L'exposant 1 se sous-entend toujours : ainsi a est la même chose que a^1.

6. Par expression algébrique on entend l'indication d'un certain nombre d'opérations à effectuer : $6a^2b$, $a + b$, $\sqrt{5ab}$, $\frac{(p+d)n}{2}$, sont des expressions algébriques.

Une expression algébrique est entière si elle n'indique aucune division ; elle est fractionnaire dans le cas contraire.

Elle est irrationnelle si elle renferme un radical et rationnelle si elle n'en renferme pas.

On donne le nom de formule à tout résultat algébrique.

7. Un terme est toute expression algébrique non séparée par les signes $+$ ou $-$: $3a^2$, $5a^4b$, $\sqrt{ac}$ sont des termes.

Les termes précédés du signe $+$ sont dits positifs ou additifs, ceux précédés du signe $-$ sont dits négatifs ou soustractifs.

On sous-entend le signe $+$ devant un terme positif qui est seul ou qui est le premier d'une suite d'autres.

Par degré d'un terme on entend la somme des exposantes des facteurs algébriques de ce terme s'il est entier ; s'il est fractionnaire, c'est la différence entre le degré du numérateur et celui du dénominateur ; enfin, s'il renferme un radical, le degré de la partie irrationnelle est le quotient du degré de la quantité placée sous le radical, par l'indice du radical : ainsi les termes $3a^2b$, $\dfrac{5a^2b^2}{c^2}$ et $a\sqrt[3]{c^2b^4}$ sont du troisième degré.

8. Un monome est une expression algébrique qui n'a qu'un terme. Exemple $10ab^2c^3$.

Un binome est une expression qui n'a que deux termes. Exemple $3ab - 4c^2$.

Un trinome est une expression qui n'a que trois termes. Exemple $x^2 + px + q$.

En général un polynome est une expression algébrique qui a plusieurs termes.

Un polynome est homogène lorsque tous ses termes sont du même degré.

Ordonner un polynome, c'est écrire tous ses termes dans un ordre tel que les exposantes d'une lettre choisie appelée lettre ordonnatrice, aillent en augmentant ou en diminuant.

Ainsi le polynome $4a^5 - 3a^4b - 2a^3b^2 + 8a^2b^3 + ab^4 - b^5$ est ordonné par rapport aux puissances décroissantes de a, et aussi par rapport aux puissances croissantes de b.

9. On appelle termes semblables les termes qui ont les mêmes lettres affectées des mêmes exposantes ; ils ne diffèrent entre eux que par les coefficients et par les signes.

Pour réduire plusieurs termes semblables en un seul,

on ajoute d'une part les coefficients de tous les termes positifs, d'autre part ceux de tous les termes négatifs ; la différence des deux sommes, affectée du signe de la plus grande, est le coefficient du terme unique qui peut remplacer tous les autres.

En suivant cette règle, le polynome

$$5a^2b - 3ab^2 + 8a^2b + ab^2 - 7a^2b,$$

se réduit à :
$$6a^2b - 2ab^2$$

10. La valeur numérique d'une expression algébrique est le résultat qu'on obtient en remplaçant chaque lettre par le nombre qu'elle représente et effectuant les opérations indiquées.

Ainsi le monome $4a^3b^2c$.

qu'on peut écrire $\qquad 4\,aaabbc$,

a pour valeur 128, si $a=2$, $b=1$ et $C=4$.

De même le polynome
$$-3ab + 5a^2 + \sqrt{c},$$

a pour valeur -1, si $a=2$, $b=4$ et $C=9$.

PREMIÈRE PARTIE
Calcul algébrique.

Addition.

11. Pour additionner plusieurs quantités algébriques, il suffit de les écrire les unes à la suite des autres en conservant les signes de leurs termes ; on fait ensuite, s'il y a lieu, la réduction des termes semblables.

Ainsi pour ajouter $5a^2 - 3ab$ avec $7ab - 2ac$, on écrira : $\quad 5a^2 - 3ab + 7ab - 2ac.$

La réduction opérée, on trouve :
$$3a^2 + 4ab.$$

Souvent on se borne à indiquer l'addition de plusieurs polynomes sans l'effectuer immédiatement ; pour cela on renferme chaque polynome dans une parenthèse et on écrit ces parenthèses les unes à la suite des autres en les joignant par le signe +.

Pour indiquer l'addition de $a+b$ avec $c+d+b$ et $-a+d-c$, on écrira :
$$(a+b) + (c+d+b) + (-a+d-c).$$

Soustraction.

12. Pour faire la soustraction algébrique, il faut écrire d'abord la quantité de laquelle on doit soustraire et mettre à la suite la quantité à soustraire en changeant tous ses signes en signes contraires ; on fait ensuite, s'il y a lieu, la réduction des termes semblables.

Soit de $3a^2$ à retrancher $8a - 5b$.
on écrira :
$$3a^2 - 8a + 5b.$$

Il est aisé de comprendre pourquoi le signe $-$ du terme $5b$ a été changé en +. En effet, si de $3a^2$ on avait à retrancher $8a$, on aurait écrit :
$$3a^2 - 8a ;$$

or ce n'est pas $8a$ qu'il fallait retrancher de $3a^2$, mais $8a$ diminué de $5b$; en retranchant $8a$ on a donc retranché $5b$ de plus qu'on ne devait et le résultat est trop petit de $5b$. Pour le rendre ce qu'il doit être, il faut lui ajouter $5b$; c'est ce que l'on fait en écrivant :
$$3a^2 - 8a + 5b.$$

On peut remarquer d'ailleurs que si on ajoute à cette différence la quantité retranchée, on trouve $3a^2$, après la réduction des termes semblables.

De même, si de a on veut retrancher $b-c$.
on écrira :
$$a - b + c.$$

Or, si nous supposons que $b = 0$, le terme à retrancher sera $-c$, et le résultat de la soustraction,
$$a + c.$$

Donc, si de a on retranche $-c$, on trouve pour différence :
$$a + c.$$

On voit, du reste, que cette différence ajoutée à $-c$ donne a, ce qui justifie l'exactitude du procédé.

13. On se borne souvent à indiquer une soustraction sans l'effectuer immédiatement. Pour cela on renferme dans une parenthèse la quantité à soustraire et on l'écrit à la suite de celle dont on veut la soustraire, en la faisant précéder du signe —.

Une parenthèse précédée du signe — est dite parenthèse négative ; pour la faire disparaître, il faut effectuer la soustraction indiquée, c'est-à-dire changer en signes contraires les signes de tous les termes compris dans la parenthèse.

Exemple. Soit de $4a^2 + b^2$.

à retrancher $\qquad 5b^2 - 2a^2 + c^2$.

On indiquera la soustraction en écrivant :

$$4a^2 + b^2 - (5b^2 - 2a^2 + c^2).$$

Si on veut l'effectuer, on supprime la parenthèse et on change les signes des termes qu'elle renferme, en se rappelant que le terme $5b^2$ a le signe $+$ sous-entendu.

On a alors

$$4a^2 + b^2 - 5b^2 + 2a^2 - c^2,$$

et en réduisant :

$$6a^2 - 4b^2 - c^2.$$

14. Remarque I. On peut toujours grouper dans une parenthèse plusieurs termes d'un polynome ; si la parenthèse doit être précédée du signe $+$, les termes qu'elle renferme conservent leurs signes ; si elle doit être précédée du signe —, les termes prennent des signes contraires.

Ainsi le polynome :

$$a + b - c + d + e - f + g,$$

peut s'écrire :

$$(a+b) + (-c+d+e) - (+f-g),$$

car en chassant les parenthèses on retrouve le polynome proposé. Ces groupements sont d'un fréquent usage.

15. Remarque II. L'addition algébrique ne comporte pas nécessairement l'idée d'augmentation, pas plus que la soustraction ne comporte celle de diminution. En ajoutant

un polynome à un autre polynome il y aura augmentation si la valeur numérique du premier est positive, c'est-à-
dire plus grande que zéro ; dans le cas contraire il y aura
diminution.

De même en retranchant un polynome d'un autre
polynome il y aura diminution si la valeur du premier est
positive ; au contraire, il y aura augmentation si la valeur
est négative.

La valeur numérique d'un polynome est donc la différence qui existe entre la somme de ses termes positifs et celle
de ses termes négatifs. Si cette différence est un nombre positif,
le polynome a une valeur réelle ; si c'est un nombre négatif,
le polynome a une valeur dont on ne peut se faire une idée
bien nette, car nous ne savons pas ce que c'est qu'un nombre négatif. Cependant on a l'habitude de regarder les nombres négatifs comme étant moindres que zéro c'est-à-dire
qu'ils sont d'autant plus petits que leur valeur, abstraction
faite du signe, est plus grande.

On a donc : $0 > -1$; $-4 > -6$; $-10 > -96$.

Multiplication.

16. Pour effectuer la multiplication algébrique, nous
considèrerons plusieurs cas.

1º Multiplication de deux puissances d'une même lettre.

Soit a^2 à multiplier par a^3.

a^2 est l'abréviation de aa et a^3 celle de aaa.

Or nous avons vu en Arithmétique que pour multiplier
par un produit de plusieurs facteurs, il suffit de multiplier successivement par chacun des facteurs de ce produit.

Multiplions donc aa d'abord par a, ce qui donne aaa,
puis ce résultat par a, ce qui fait $aaaa$, et enfin ce dernier
résultat par a, on trouve $aaaaa$ ou a^5.

Mais $2 + 3 = 5$, donc pour multiplier l'une par l'autre deux puissances d'une même lettre, il faut écrire cette lettre
avec la somme de ses exposants.

En général, $a^m \times a^n = a^{m+n}$

17. 2° Multiplication d'un monome par un monome.

Soit à multiplier $5a^4b^2c$ par $3a^2b$.

Nous aurons en appliquant le principe rappelé plus haut (16):

$$5a^4b^2c \times 3a^2b = 5.a^4.b^2.c.3.a^2.b.$$

ce, en intervertissant l'ordre des facteurs,

$$5.3.a^4.a^2.b^2.b.c,$$

effectuant les produits indiqués, on trouve :

$$15a^6b^3c.$$

Donc pour faire le produit d'un monome par un monome, on multiplie les coefficients et on écrit les différentes lettres avec la somme de leurs exposants. Si une lettre ne se trouve que dans l'un des facteurs on l'écrit avec son exposant.

18. 3° Multiplication d'un polynome par un monome.

Soit à multiplier $a + b - c$ par m.

Nous savons que pour multiplier un tout par une quantité, on peut multiplier successivement chacune des parties de ce tout par cette quantité et ajouter les résultats.

D'après cela, il faut répéter a m fois, b m fois, $-c$ m fois, ce qui donne d'après la règle précédente:

$$am + bm - cm.$$

Donc pour faire le produit d'un polynome par un monome, il faut multiplier chaque terme du polynome par le monome et ajouter les résultats.

Remarque. Si on avait à multiplier un monome par un polynome, on intervertirait l'ordre des facteurs et on tomberait dans le cas précédent.

19. 4° Multiplication d'un polynome par un polynome.

Soit $a - b$ à multiplier par $c - d$.

Multiplions d'abord le polynome $a - b$ par le monome c. On a, d'après la règle précédente :

$$ac - bc ;$$

Or, ce n'était pas par c qu'on devait multiplier $a - b$, mais par c diminué de d ; en répétant c fois le polynome $a - b$, on l'a donc répété d fois de plus qu'il ne

fallait ; pour avoir la valeur exacte du résultat il faut
maintenant répéter le multiplicande d fois et retrancher
ce produit de $ac - bc$.

$a - b$ répété d fois donne $ad - bd$;
retranchant ce produit de $ac - bc$ on trouve:

$$ac - bc - ad + bd.$$

Voici l'opération dans ses détails:

$$\begin{array}{r} a - b \\ c - d \\ \hline ac - bc - ad + bd. \end{array}$$

Ce résultat conduit aux remarques suivantes :
1° le produit $+ac$ provient de la multiplication de $+a$ par $+c$,
2° le produit $-bc$ provient de la multiplication de $-b$ par $+c$.
3° le produit $-ad$ provient de la multiplication de $+a$ par $-d$.
4° le produit $+bd$ provient de la multiplication de $-b$ par $-d$.

D'où résulte la règle qui suit appelée règle des signes :

+ multiplié par + donne + au produit
−   "   +   "   −   "
+   "   −   "   −   "
−   "   −   "   +   "

Cette règle s'énonce plus simplement en disant:
Les signes semblables donnent $+$ au produit et les signes contraires donnent $-$.

Donc pour faire la multiplication d'un polynome
par un polynome, on multiplie tous les termes du multiplicande par chacun des termes du multiplicateur en obser-
vant la règle des signes.

Résumons les règles de la multiplication algébrique :
Les coefficients se multiplient.
Les lettres s'écrivent avec la somme de leurs exposants.
Les signes semblables donnent $+$ et les signes contraires donnent $-$.

20. Appliquons ces règles à l'exemple suivant :
Soit à multiplier $\quad 3a^3 - 4a^2b + 2ab^2 - b^3$
par $\qquad\qquad\qquad 2a^2 + ab - 3b^2$

On dispose les calculs comme il suit :

Multiplicande. $\qquad 3a^3 - 4a^2b + 2ab^2 - b^3$

Multiplicateur. $\qquad 2a^2 + ab - 3b^2$

1er produit partiel. $\qquad 6a^5 - 8a^4b + 4a^3b^2 - 2a^2b^3$

2e produit partiel $\qquad\qquad + 3a^4b - 4a^3b^2 + 2a^2b^3 - ab^4$

3e produit partiel $\qquad\qquad\qquad - 9a^3b^2 + 12a^2b^3 - 6ab^4 + 3b^5$

Produit réduit $\qquad 6a^5 - 5a^4b - 9a^3b^2 + 12a^2b^3 - 7ab^4 + 3b^5$

Après avoir placé le multiplicateur au-dessous du multiplicande, on fait le produit de tous les termes du multiplicande par le 1er terme du multiplicateur, et on dit :

$+ 3a^3$ multiplié par $+ 2a^2$ donne $+ 6a^5$

$- 4a^2b$ „ $+ 2a^2$. $- 8a^4b$

$+ 2ab^2$ „ $+ 2a^2$. $+ 4a^3b^2$

$- b^3$ „ $+ 2a^2$ „ $- 2ab^3$.

Ayant obtenu le premier produit partiel, on multiplie tous les termes du multiplicande par le deuxième terme du multiplicateur, et on dit :

$+ 3a^3$ multiplié par $+ ab$ donne $+ 3a^4b$.

et ainsi de suite ; on obtient le second produit partiel.

$$3a^4b - 4a^3b^2 + 2a^2b^3 - ab^4$$

On peut l'écrire à la suite du premier, mais on le place ordinairement au-dessous, en ayant soin d'avancer d'un rang vers la droite.

Enfin, on multiplie tous les termes du multiplicande par le dernier terme du multiplicateur et on trouve le troisième produit partiel.

$$- 9a^3b^2 + 12a^2b^3 - 6ab^4 + 3b^5$$

et on l'écrit ordinairement au-dessous du second en avançant encore d'un rang vers la droite.

Le produit total est la somme des produits partiels ; si on fait la réduction des termes semblables le produit devient

$$6a^5 - 5a^4b - 9a^3b^2 + 12a^2b^3 - 7ab^4 + 3b^5$$

21. *Remarque I.* Le multiplicande étant un polynôme homogène du 3ᵉ degré, et le multiplicateur un polynôme homogène du 2ᵈ, le produit est un polynôme homogène du 5ᵉ degré. C'est une conséquence de la règle des lettres et des exposants.

Remarque II. Le multiplicande et le multiplicateur étant ordonnés par rapport aux puissances décroissantes de a, le premier terme $6a^5$ du produit, obtenu en multipliant le premier terme $3a^3$ du multiplicande par le premier terme $2a^2$ du multiplicateur n'est semblable à aucun autre, car il est le produit des deux termes dans lesquels la lettre a est affectée du plus fort exposant, et toute autre combinaison de deux termes donnera un résultat dans lequel la lettre a aura un exposant moindre. Par une raison analogue, le dernier terme $3b^5$ du produit, obtenu en multipliant le dernier terme $-b^3$ du multiplicande par le dernier terme $-3b^2$ du multiplicateur n'est semblable à aucun autre, car il est le résultat de la multiplication de deux termes dans lesquels la lettre b a le plus fort exposant. Donc le premier et le dernier terme du produit ne se réduisent avec aucun autre terme.

Comme conséquence de cette remarque, on conclut que le produit de deux polynomes est au moins un binôme.

22. Souvent on se borne à indiquer une multiplication algébrique sans l'effectuer immédiatement ; pour cela, on renferme chacun des deux facteurs dans une parenthèse et on les écrit l'un à la suite de l'autre, sans interposition de signe.

Ainsi, pour indiquer la multiplication de $a+b$ par $a-b$, on écrira :

$$(a+b)(a-b).$$

23. Si l'on multiplie $-a$ par $-a$, on aura $+a^2$, deuxième puissance de $-a$; si l'on multiplie $+a^2$ par $-a$, on aura $-a^3$, troisième puissance de $-a$; si l'on multiplie $-a^3$ par $-a$, on aura $+a^4$, quatrième puissance de $-a$, et ainsi de suite. D'où l'on conclut que les puissances paires d'une quantité négative sont positives et les puissances impaires sont négatives.

Les puissances successives de 1 étant toujours l'unité, il en résulte qu'on peut toujours donner à +1 un exposant quelconque : ainsi 1^4 est la même chose que 1^3, que 1. On peut de même donner à −1 un exposant impair quelconque, de sorte que -1^5 est la même chose que -1^3, que −1.

24.   Voici quelques multiplications remarquables dont il importe de retenir le produit :

$$
\begin{array}{ccc}
a+b & a-b & a+b \\
a+b & a-b & a-b \\
\hline
a^2+ab & a^2-ab & a^2+ab \\
+ab+b^2 & -ab+b^2 & -ab-b^2 \\
\hline
a^2+2ab+b^2 & a^2-2ab+b^2 & a^2-b^2
\end{array}
$$

Ces résultats s'indiquent ordinairement comme il suit :

$$(1) \qquad (a+b)^2 = a^2+b^2+2ab$$
$$(2) \qquad (a-b)^2 = a^2+b^2-2ab$$
$$(3) \qquad (a+b)(a-b) = a^2-b^2$$

Voici leur énoncé en langage ordinaire.

Le carré de la somme de deux nombres égale le carré du premier, plus le carré du second, plus deux fois le produit du premier par le second.

Le carré de la différence de deux nombres égale le carré du premier, plus le carré du second, moins deux fois le produit du premier par le second.

Le produit de la somme de deux nombres par la différence de ces mêmes nombres égale le carré du premier moins le carré du second.

25. Remarques. Lorsqu'on a : a^2+b^2+2ab, on peut, en vertu de la formule (1), remplacer ce polynome par
$$(a+b)(a-b).$$

Si on a x^2+y^2-2xy, on peut, en vertu de la formule (2), le remplacer par
$$(x-y)(x-y).$$

Enfin si on a m^2-n^2, on peut, en vertu de la formule (3), le remplacer par $(m+n)(m-n)$.

Il est bon aussi de remarquer qu'on peut remplacer
$$(a-b)^2 \text{ par } (b-a)^2$$
car, dans les deux cas, les produits sont
$$a^2 + b^2 - 2ab.$$

Ces transformations sont fréquemment employées dans le calcul algébrique.

Si l'on fait le carré d'un polynome quelconque
$$a+b-c+d$$
on trouve :
$$(a+b-c+d)^2 = a^2+b^2+c^2+d^2+2ab-2ac+2ad-2bc+2bd-2cd.$$

D'où il suit : que le carré d'un polynome se compose 1° de la somme des carrés de chacun de ses termes, 2° de la somme de deux fois les produits de ses termes pris deux à deux.

Division

26. Le dividende d'une division est un produit dont le diviseur et le quotient sont les facteurs ; les règles de la division se déduisent donc des règles correspondantes de la multiplication

En effet, si un produit positif a un de ses facteurs positif, l'autre facteur sera lui-même positif ; si le premier facteur est négatif, le second doit être aussi négatif. Quand le produit est négatif il faut que le diviseur et le quotient aient des signes différents afin que, multipliés l'un par l'autre, ils donnent un résultat négatif.

Donc $+$ divisé par $+$ donne $+$ au quotient.

$$+ \quad '' \quad - \quad '' \quad - \quad ''$$
$$- \quad '' \quad + \quad '' \quad - \quad ''$$
$$- \quad '' \quad - \quad '' \quad + \quad ''$$

1° Division de deux puissances d'une même lettre.

27. Soit à diviser a^5 par a^3

Nous savons que a^5 est le produit de a^3 par un facteur inconnu tel qu'en le multipliant par a^3 on obtienne a^5. Ce facteur est donc a^2, car $a^3 \times a^2$ donne a^5.

Donc le quotient de deux puissances d'une même lettre

est égal à cette lettre ayant pour exposant la différence des exposants du dividende et du diviseur.

En général a^m divisé par a^n donne a^{m-n}.

En appliquant cette règle, on voit que

$$a^3 \text{ divisé par } a^3 \text{ donne } a^{3-3} \text{ ou } a^0;$$

mais une quantité quelconque divisée par elle-même a pour quotient l'unité; donc une lettre affectée de l'exposant zéro représente 1.

On voit de même que a^3 divisé par a^5 donne a^{3-5} ou a^{-2}. Mais a^3 divisé par a^5 peut se mettre sous la forme de

$$\frac{a\,a\,a}{a\,a\,a\,a\,a};$$

divisant les deux termes de cette fraction par a^3, il vient $\frac{1}{a^2}$.

Ainsi a^{-2} est la même chose que $\frac{1}{a^2}$.

Il suit de là que toute lettre affectée d'un exposant négatif représente une fraction ayant l'unité pour numérateur et pour dénominateur cette lettre avec son exposant positif.

28. Remarque I. L'exposant zéro provient de la division l'une par l'autre de deux puissances égales d'une même lettre; et l'exposant négatif, de la division d'une puissance d'une lettre par une puissance supérieure de cette même lettre.

Remarque II. On peut toujours introduire dans un terme une lettre quelconque en lui donnant zéro pour exposant; car une telle lettre représente 1 et ne change pas la valeur du terme.

2.º Division d'un monome par un monome.

29. Soit à diviser $12\,a^6\,b^2\,c$ par $4\,a^3\,b^2$.

Nous savons que $12\,a^6\,b^2\,c$ est le produit de $4\,a^3\,b^2$ par un facteur tel qu'en le multipliant par $4\,a^3\,b^2$ on trouve $12\,a^6\,b^2\,c$.

Or le facteur qui, multiplié par 4 donne 12 est 3; le facteur qui, multiplié par a^3 donne a^6 est a^3; le facteur qui, multiplié par b^2 donne b^2 est 1; enfin le facteur c se trouvant au dividende sans être au diviseur, doit nécessairement se trouver au quotient.

Le quotient est donc $3\,a^3\,c$.

En effet, $3\,a^3c$ multiplié par $4\,a^3b^2$ reproduit le dividende $12\,a^6b^2c$.

Donc pour obtenir le quotient de deux monomes, on prend le quotient de leurs coefficients et l'on écrit chaque lettre du dividende avec un exposant égal à la différence de ses exposants dans les deux termes ; une lettre qui ne se trouve qu'au dividende se reproduit au quotient avec son exposant, et une lettre qui a le même exposant dans les deux termes ne paraît pas au quotient.

30. Remarque. La division de deux monomes sera impossible, 1° si le coefficient du dividende n'est pas un multiple de celui du diviseur ; 2° si une lettre du dividende a un exposant plus petit que celui de la même lettre dans le diviseur ; 3° si le diviseur contient une lettre qui ne se trouve pas dans le dividende.

Dans tous ces cas, on indique cependant la division en mettant les deux monomes sous la forme d'une fraction.

3° Division d'un polynome par un monome.

31. Soit à diviser $6a^4 - 8a^3 + 4a^2$ par $2a^2$. Pour trouver le quotient demandé, il faut diviser chaque terme du dividende par $2a^2$. On aura donc :

$$\frac{6a^4}{2a^2} - \frac{8a^3}{2a^2} + \frac{4a^2}{2a^2}$$

Effectuant ces opérations d'après la règle donnée pour la division de deux monomes, on trouve :

$$3a^2 - 4a + 2.$$

Ce résultat est le quotient cherché, car en le multipliant par $2a^2$ on retrouve le dividende.

Remarque. Rarement la division d'un polynome par un monome est possible ; on se contente alors de l'indiquer en mettant le dividende et le diviseur sous la forme d'une fraction. Quant à la division d'un monome par un polynome, elle est toujours impossible, car le quotient, n'aurait-il qu'un terme, multiplié par le diviseur donnerait un polynome.

4° Division d'un polynome par un autre polynome.

32. Soit à diviser $\quad 15a^4 - 7a^3b - 6a^2b^2 + 7ab^3 - 3b^4$
par $\quad 5a^2 + ab - 3b^2$.

Les polynomes étant ordonnés par rapport aux puissances décroissantes d'une même lettre, ce qui peut toujours se faire, on remarquera que, si le quotient est exact, le premier terme du dividende est le produit sans réduction du premier terme du diviseur par le premier terme du quotient (N° 21); on aura donc le premier terme du quotient en divisant $15a^4$ par $5a^2$.

Ce terme trouvé, on le multipliera par chacun des termes du diviseur et on retranchera le produit du dividende; on obtiendra ainsi un reste ordonné dont le premier terme sera le produit sans réduction du premier terme du diviseur par le deuxième terme du quotient; on aura donc ce deuxième terme en divisant le premier terme du reste par le premier terme du diviseur. On multipliera ensuite ce deuxième terme par chacun des termes du diviseur et on retranchera le produit du premier reste. Et ainsi de suite.

Voici les détails de l'opération :

$$
\begin{array}{l|l}
\text{Dividende} \quad 15a^4 - 7a^3b - 6a^2b^2 + 7ab^3 - 3b^4 & \;5a^2 + ab - 3b^2 \\
\qquad\qquad\;\; -15a^4 - 3a^3b + 9a^2b^2 & \;3a^2 - 2ab + b^2 \\
\end{array}
$$

1er reste . $\qquad 0 - 10a^3b + 3a^2b^2 + 7ab^3 - 3b^4$
$\qquad\qquad\qquad\quad + 10a^3b + 2a^2b^2 - 6ab^3$

2e reste . $\qquad\qquad 0 + 5a^2b^2 + ab^3 - 3b^4$
$\qquad\qquad\qquad\qquad\;\; - 5a^2b^2 - ab^3 + 3b^4$

3e reste $\qquad\qquad\qquad\qquad\qquad 0$

Le dividende et le diviseur étant ordonnés par rapport aux puissances décroissantes de a, on opère comme il suit :

$+15a^4$ divisé par $+5a^2$ donne $+3a^2$, qu'on pose au quotient.

$+3a^2$ multiplié par $+5a^2$ donne $+$, et à cause de la soustraction $-15a^4$ qu'on écrit au-dessous de $15a^4$.

$+3a^2$ multiplié par $+ab$ donne $+$, et à cause de la soustraction $-3a^3b$ qu'on pose à la suite de $-15a^4$.

$+3a^2$ multiplié par $-3b^2$ donne $-$, et à cause de la soustraction $+9a^2b^2$ qu'on écrit à la suite de $-3a^3b$.

La réduction des termes semblables effectuée, il reste :
$$-10a^3b + 3a^2b^2 + 7ab^3 - 3b^4$$

On dira maintenant : $-10a^3b$ divisé par $+5a^2$ donne $-2ab$ pour quotient.

$-2ab$ multiplié par $+5a^2$ donne $-$ et à cause de la soustraction $+10a^3b$, qu'on écrit au-dessous de $-10a^3b$.

$-2ab$ multiplié par $+ab$ donne $-$ et à cause de la soustraction $+2a^2b$.

$-2ab$ multiplié par $-3b^2$ donne $+$ et à cause de la soustraction $-6ab^3$.

La réduction des termes semblables opérée, il reste :
$$5a^2b^2 + ab^3 - 3b^4$$

Enfin on dira : $+5a^2b^2$ divisé par $+5a^2$ donne $+b^2$

$+b^2$ multiplié par $+5a^2$ donne $+$ et à cause de la soustraction $-5a^2b^2$.

$+b^2$ multiplié par $+ab$ donne $+$ et à cause de la soustraction $-ab^3$.

$+b^2$ multiplié par $-3b^2$ donne $-$ et à cause de la soustraction $+3b^4$.

La réduction des termes semblables opérée on trouve un reste nul ; d'où on conclut que $3a^2 - 2ab + b^2$ est le quotient exact de $15a^4 - 7a^3b - 6a^2b^2 + 7ab^3 - 3b^4$ par $5a^2 + ab - 3b^2$.

Remarque. On peut se dispenser, après chaque division partielle, d'écrire à côté du reste les termes du dividende qui n'ont pas été réduits.

33. La division d'un polynome par un autre polynome est généralement impossible ; on reconnaît cette impossibilité, 1° lorsque les deux polynomes étant ordonnés par rapport aux puissances décroissantes d'une même lettre, le premier terme et le dernier terme du dividende ne sont pas divisibles, l'un par le premier terme, l'autre par le dernier terme du diviseur ; 2° lorsque dans le cours de l'opération on arrive à un reste dans lequel l'exposant de la lettre ordonnatrice est d'un degré inférieur à celui de la même lettre dans le diviseur ; car alors le premier terme du reste ne sera pas divisible par le premier terme du diviseur.

D'après cela, la division de $7a^4 + a^3b - 6a^2b^2$, par $5a^3 + ab^2$ n'est pas possible, car $7a^4$ n'est pas divisible par $5a^3$.

Il en est de même de la division de $8a^3b - 5a^2b^2 + 4ab^3$, par $4a^3 - 2a^2b$, car le dernier terme $4ab^3$ n'est pas divisible par $-2a^2b$.

Enfin la division suivante est impossible pour deux

raison — : la première parce que l'exposant de a dans le reste est inférieur à celui de cette même lettre dans le diviseur ; la seconde ; parce que le coefficient du premier terme du second reste n'est pas divisible par le coefficient du premier terme du diviseur.

$$
\begin{array}{r|l}
8a^3 + 2a^2b - 6ab^2 + 2b^3 & \,4a^2 + 3ab - b^2 \\
-8a^3 - 6a^2b + 2ab^2 & \,2a - b. \\
\hline
\quad 0 - 4a^2b - 4ab^2 + 2b^3 & \\
\quad\;\; + 4a^2b + 3ab^2 - b^3 & \\
\hline
\quad\quad\;\; 0 - ab^2 + b^3 &
\end{array}
$$

L'opération montre cependant que si du dividende proposé on retranchait $-ab^2 + b^3$, on aurait un polynome divisible par $4a^2 + 3ab - b^2$.

Remarque I. Lorsqu'on ne veut point effectuer une division, soit parce que le quotient ne vient pas exactement, soit parce qu'on n'a pas besoin de connaître ce quotient, on indique l'opération en mettant le dividende et le diviseur sous la forme d'une fraction.

II. Quand plusieurs termes renferment une même quantité, il est souvent utile de mettre cette quantité en évidence, c'est-à-dire de la placer en facteur commun.

Pour mettre une quantité en facteur commun, il faut diviser par cette quantité tous les termes qui la contiennent, renfermer le quotient dans une parenthèse et indiquer la multiplication de cette parenthèse par la quantité.

Exemples $\quad ax - bx + cx \quad$ peut s'écrire: $\quad x(a - b + c)$.

$$RS - S \qquad\qquad S(R-1).$$

$$\frac{a}{2}\sqrt{5} - \frac{a}{2} \qquad\qquad \frac{a}{2}(\sqrt{5} - 1).$$

De la divisibilité d'un polynome par un binome du 1er degré.

34. Soit à diviser par $x - a$ un polynome quelconque $x^3 + ax^2 - a^3$, que nous représenterons par X.

Si le dividende et le diviseur sont ordonnés par rapport aux puissances décroissantes de x, on arrive, dans le cours de l'opération, à un reste qui n'a pas de terme en x, car x dans le diviseur est à la première puissance et les exposants de x dans les restes successifs de la division, vont constamment en diminuant

Alors en appelant Q le quotient trouvé et R le dernier reste qui n'aura pas de terme en x, on aura : le dividende X égale le diviseur multiplié par le quotient, plus le reste, ou :

$$X = (x-a)Q + R ;$$

or cette formule est vraie, quelle que soit la valeur de x, donc elle sera vraie pour $x = a$. Mais si l'on fait $x = a$, le dividende devient un polynôme dans lequel la lettre x aura été remplacée par la lettre a, le produit $(x-a)Q$ est nul, car $a - a = 0$ et la seconde partie de la formule se réduit à R.

Donc le reste de la division d'un polynôme en x par un binome de la forme $x - a$ est égal au dividende dans lequel on a remplacé x par a.

Ainsi la division du polynôme $x^3 + ax^2 - a^3$ par $x - a$ aura un reste représenté par $a^3 + a^3 - a^3$ ou a^3 ; on peut facilement le vérifier.

Mais la division de $x^3 - 3ax^2 + 2x^3$ par $x - a$ se fera exactement, car le reste $a^3 - 3a^3 + 2a^3$ égale zéro.

35. Si on avait à diviser un polynôme par $x + a$, on mettrait ce diviseur sous la forme

$$x - (-a) ;$$

alors on obtiendrait le reste de la division en remplaçant dans le dividende x par $(-a)$.

D'après ces considérations, on trouve aisément les résultats suivants :

1° $x^m - a^m$ est toujours divisible par $x - a$, car le reste de la division est $a^m - a^m$ ou zéro.

2° $x^m + a^m$ n'est jamais divisible par $x - a$, car le reste de la division est $a^m + a^m$ ou $2a^m$.

3° $x^m - a^m$ n'est divisible par $x + a$ que si m est pair, car le reste de la division $(-a)^m - a^m$ n'aura son premier terme positif qu'autant que m sera pair ($N^\circ 23$).

4° $x^m + a^m$ n'est divisible par $x + a$ que si m est impair, car le reste de la division n'aura son premier terme négatif qu'autant que m sera impair ($N^\circ 23$).

Remarque. Une division telle que $R^n \pm 1$ (prononcez R^n plus ou moins un) par $R \pm 1$ se ramène aux cas précédents, car $R^n \pm 1$ égale $R^n \pm 1^n$ ($N^\circ 23$)

Voici effectuées, deux divisions d'un binome par un binome.

$$
\begin{array}{r|l}
a^4-b^4 & a-b \\
\hline
-a^4+a^3b & a^3+a^2b+ab^2+b^3 \\
\hline
0+a^3b-b^4 & \\
-a^3b+a^2b^2 & \\
\hline
0+a^2b^2-b^4 & \\
-a^2b^2+ab^3 & \\
\hline
0+ab^3-b^4 & \\
-ab^3+b^4 & \\
\hline
0 &
\end{array}
\qquad
\begin{array}{r|l}
x^3-a^3 & x+a \\
\hline
-x^3-ax^2 & x^2-ax+a^2 \\
\hline
0-ax^2-a^3 & \\
+ax^2+a^2x & \\
\hline
0+a^2x-a^3 & \\
-a^2x-a^3 & \\
\hline
\text{reste} \quad -2a^3 &
\end{array}
$$

Fractions

36. Une fraction algébrique peut être considérée comme étant le reste d'une division.

Ainsi $ab - xc + a$ divisé par b, donne $a - c$ pour quotient et a pour reste ; ce reste mis sous la forme $\frac{a}{b}$, qui indique la division de a par b est une fraction.

Les propriétés des fractions arithmétiques conviennent aussi aux fractions algébriques ; ainsi :

37. On peut multiplier les deux termes d'une fraction par une même quantité sans que la fraction change de valeur.

Soit $\frac{a}{b}$ une fraction. En supposant que sa valeur est q, on écrira

$$\frac{a}{b} = q. \qquad (1)$$

Si l'on multiplie les deux membres de cette égalité par une même quantité, l'égalité subsiste encore et on a :

$$a = bq.$$

Multiplions encore par m les deux membres de cette égalité, il vient :

$$am = bmq.$$

Divisant les deux membres par bm, on trouve :

$$\frac{am}{bm} = q \qquad (2)$$

D'où l'on voit que $\frac{am}{bm}$ égale q aussi bien que $\frac{a}{b}$, donc, etc...

38. Si dans l'égalité (2) on suppose que m soit une fraction et vaille $\frac{1}{n}$, par exemple, en remplaçant m par $\frac{1}{n}$ il vient :

$$\frac{\frac{a}{n}}{\frac{b}{n}} = q.$$

D'où l'on voit que $\frac{a:n}{b:n}$ égale q aussi bien que $\frac{a}{b}$,

Donc on peut diviser les deux termes d'une fraction par une même quantité sans que la fraction change de valeur.

39. Pour réduire plusieurs fractions au même dénominateur, il faut multiplier les deux termes de chacune par le produit des dénominateurs de toutes les autres, ou par le plus petit multiple de ces dénominateurs.

Ainsi les fractions

$$\frac{a}{b} + \frac{c}{d} - \frac{m}{n},$$

deviennent

$$\frac{adn}{bdn} + \frac{bcn}{bdn} - \frac{bdm}{bdn};$$

les fractions n'ont pas changé de valeur puisqu'on a multiplié par un même nombre les 2 termes de chacune.

De même les fractions

$$\frac{a}{a+b} - \frac{b}{5(a-b)} + \frac{c^2}{a^2-b^2},$$

deviennent

$$\frac{5a(a-b)}{5(a^2-b^2)} - \frac{b(a+b)}{5(a^2-b^2)} + \frac{5c^2}{5(a^2-b^2)},$$

quand on multiplie les deux termes de chacune par $5(a^2-b^2)$ qui est le plus petit multiple des dénominateurs. La première est devenue successivement

$$\frac{a \times 5(a^2-b^2)}{(a+b)5(a^2-b^2)} , \quad \frac{5a(a+b)(a-b)}{5(a+b)(a^2-b^2)} \quad \text{et} \quad \frac{5a(a-b)}{5(a^2-b^2)};$$

les autres ont subi des transformations analogues.

40. Pour additionner ou pour soustraire plusieurs fractions, il faut les réduire au même dénominateur, puis ajouter ou retrancher les numérateurs et donner pour dénominateur au résultat le dénominateur commun.

Les fractions $\dfrac{a-b}{b}$, $\dfrac{a}{a+b}$, $-\dfrac{a+b}{a}$,

réduites au même dénominateur deviennent :

$$\frac{a(a+b)(a-b)}{ab(a+b)} + \frac{a^2b}{ab(a+b)} - \frac{b(a+b)(a+b)}{ab(a+b)}$$

Si on veut additionner ces fractions, on trouve :

$$\frac{a(a+b)(a-b) + a^2b - b(a+b)(a+b)}{ab(a+b)}$$

ou, en effectuant les opérations indiquées et simplifiant :

$$\frac{a^3 - 3ab^2 - b^3}{ab(a+b)}.$$

Si de la première de ces fractions on veut retrancher les deux autres, on trouve :

$$\frac{a(a+b)(a-b) - a^2 b + b(a+b)(a+b)}{ab(a+b)},$$

ou en simplifiant

$$\frac{a^3 + b^3 + ab^2}{ab(a+b)}.$$

41 Pour multiplier deux fractions l'une par l'autre, il faut faire le produit des numérateurs et le produit des dénominateurs.

Soit $\frac{a}{b}$ à multiplier par $\frac{c}{d}$.
appelons q la valeur de $\frac{a}{b}$ et q' celle de $\frac{c}{d}$, on aura :

$$\frac{a}{b} \times \frac{c}{d} = qq'$$

mais de $\frac{a}{b} = q$ on tire $a = bq$ (1)
et de $\frac{c}{d} = q'$ on tire $c = dq'$ (2)
multipliant membre à membre les égalités (1) et (2), il vient :

$$ac = bd q q'.$$

divisant les deux membres par bd, on a :

$$\frac{ac}{bd} = qq'.$$

d'où l'on voit que $\frac{ac}{bd}$ égale qq' aussi bien que $\frac{a}{b} \times \frac{c}{d}$. Donc...

42 Pour diviser deux fractions l'une par l'autre, il faut multiplier la fraction dividende par la fraction diviseur renversée.

Soit $\frac{a}{b}$ à diviser par $\frac{c}{d}$.
on aura $\frac{ad}{bd}$ pour quotient, car en multipliant ce résultat par $\frac{c}{d}$ on trouve le dividende. Donc etc...

43. Nous avons dit que lorsqu'une division est impossible, on indique l'opération en mettant le dividende et le diviseur sous la forme d'une fraction qu'on peut ordinairement simplifier.

Soit $15 a^4 b^2 c^3$ à diviser par $10 a^3 b c^4$
La division ne pouvant se faire exactement nous écrirons :

$$\frac{15\,a^4 b^2 c^3}{10\,a^3 b\, c^4}.$$

En supprimant les facteurs $5\,a^3 b\, c^3$ communs au numérateur et au dénominateur, on ne change pas la valeur de cette fraction $(N^\circ 38)$ et on trouve :

$$\frac{3\,a b}{2\,c},$$

expression plus simple que la première.

Soit encore la division indiquée . . $\dfrac{4\,a^3 b^2 - 8\,a^4 b}{6\,a^2 b^3}$.

Si nous remarquons que $4\,a^3 b$ est un facteur commun aux deux termes du numérateur, nous pourrons mettre ce facteur en évidence, on aura alors :

$$\frac{4\,a^3 b\,(b - 2a)}{6\,a^2 b^3}.$$

Sous cette forme, on voit que le numérateur et le dénominateur ont pour facteur commun $2\,a^2 b$; supprimant ce facteur, on trouve pour expression simplifiée :

$$\frac{2\,a\,(b - 2a)}{3\,b^2}.$$

Soit enfin la division indiquée $\dfrac{6\,a^3 b^3 - 3\,a^3 b^2}{12\,a^3 b^3 - 9\,a^3 b}$.

En mettant en facteur commun $3\,a^3 b^2$ au numérateur et $3\,a^3 b$ au dénominateur, cette fraction devient :

$$\frac{3\,a^3 b^2\,(2b - 1)}{3\,a^3 b\,(4b^2 - 3)},$$

et en supprimant le facteur $3\,a^3 b$ commun aux deux termes on trouve $\dfrac{b(2b-1)}{4b^2-3}$ pour expression simplifiée.

44. **Remarque.** En général on peut simplifier une expression fractionnaire sans qu'il soit nécessaire de mettre en évidence les facteurs communs ; il suffit pour cela de diviser tous les termes du numérateur et tous les termes du dénominateur par une même quantité.

Ainsi on simplifiera l'expression $\dfrac{4\,a^2 b^3 - 8\,a^3 b^3}{12\,a^2 b^4 + 4\,a^4 b^4}$,

en supprimant d'abord le facteur 4 commun à tous les termes, puis le facteur a^2, enfin le facteur b^3 et on aura :

$$\frac{1 - 2a}{3\,b + a^2 b}.$$

Remarquons que tous les facteurs du terme $4\,a^2 b^3$ ayant été supprimés, ce facteur s'est réduit à 1, car en divisant une quantité par elle-même on trouve pour quotient l'unité.

Rapports

45. On appelle rapport le résultat de la comparaison de deux grandeurs de même nature. Cette comparaison se fait par une division.

Ainsi le rapport de m à n est $\dfrac{m}{n}$.

Les rapports se représentent par deux termes comme les fractions ; ces deux termes sont les deux grandeurs que l'on compare

Toutes les propriétés des fractions conviennent aux rapports.

46. On appelle proportion l'égalité de deux rapports. Ainsi, si $\dfrac{a}{b}$ donne le même quotient que $\dfrac{c}{d}$, on aura l'égalité suivante ou proportion :

$$\frac{a}{b} = \frac{c}{d}.$$

a et d sont les extrêmes de la proportion, b et c en sont les moyens.

Une quatrième proportionnelle est une quantité qui peut occuper le 4ième terme d'une proportion.

Dans la proportion $\dfrac{a}{b} = \dfrac{c}{x}$, x est une quatrième proportionnelle.

Une moyenne proportionnelle est une quantité qui peut occuper simultanément le 2e et le 3e terme d'une proportion.

Exemple $\dfrac{a}{x} = \dfrac{x}{b}$, x est une moyenne proportionnelle.

Une troisième proportionnelle est une quantité qui peut occuper le 4e terme d'une proportion dans laquelle il y a une moyenne proportionnelle.

Exemple $\dfrac{a}{b} = \dfrac{b}{x}$, x est une troisième proportionnelle.

47. Voici quelques propriétés des rapports égaux ou proportions :

1° Deux rapports égaux peuvent être mis sous la forme de deux produits égaux.

En effet, les rapports égaux $\dfrac{a}{b} = \dfrac{c}{d}$ multipliés chacun par bd deviennent : $\dfrac{abd}{b} = \dfrac{bcd}{d}$;

et en simplifiant $ad = bc$.

On énonce vulgairement cette propriété fondamentale en

disant que les produits en croix sont égaux ou que le produit des extrêmes égale le produit des moyens.

2° Quand on a deux rapports égaux, on peut les renverser et on a encore des rapports égaux.

En effet, les rapports égaux $\frac{a}{b} = \frac{c}{d}$ mis sous la forme de produits égaux deviennent $ad = bc$;
divisant les deux membres par ac et simplifiant, on trouve,

$$\frac{ad}{ac} = \frac{bc}{ac} \quad \text{ou} \quad \frac{b}{a} = \frac{d}{c}.$$

3° Quand on a deux rapports égaux, les extrêmes peuvent changer de place ainsi que les moyens.

En effet, les rapports égaux $\frac{a}{b} = \frac{c}{d}$ mis sous la forme de produits égaux deviennent $ad = bc$;
si on divise les deux membres par ab on trouve :

$$\frac{ad}{ab} = \frac{bc}{ab} \quad \text{ou} \quad \frac{d}{b} = \frac{c}{a}.$$

Si on divise les deux membres par cd il vient :

$$\frac{ad}{cd} = \frac{bc}{cd} \quad \text{ou} \quad \frac{a}{c} = \frac{b}{d}.$$

4° Quand on a deux rapports égaux on peut augmenter ou diminuer chaque numérateur de son dénominateur et on a encore des rapports égaux.

En effet, les rapports $\frac{a}{b} = \frac{c}{d}$ étant égaux, on peut supposer que la valeur de chacun d'eux soit q et écrire :

$$\frac{a}{b} = q, \quad \text{et} \quad \frac{c}{d} = q.$$

Mais on sait qu'en ajoutant le dénominateur d'une fraction à son numérateur on augmente d'une unité la valeur de cette fraction. On aura donc :

$$\frac{a+b}{b} = q+1. \quad \text{et} \quad \frac{c+d}{d} = q+1$$

deux quantités égales à une troisième étant égales entre elles, il en résulte que :

$$\frac{a+b}{b} = \frac{c+d}{d}$$

On sait aussi qu'en retranchant le dénominateur d'une fraction de son numérateur on diminue d'une unité la valeur de cette fraction, on aura donc :

$$\frac{a-b}{b} = q-1 \quad \text{et} \quad \frac{c-d}{d} = q-1.$$

d'où
$$\frac{a-b}{b} = \frac{c-d}{d}.$$

Cette double propriété s'indique ainsi : $\dfrac{a \pm b}{b} = \dfrac{c \pm d}{d}$.

5° Quand on a deux rapports égaux, on peut augmenter ou diminuer chaque dénominateur de son numérateur et on a encore des rapports égaux.

En effet les rapports $\dfrac{a}{b} = \dfrac{c}{d}$ renversés donnent $\dfrac{b}{a} = \dfrac{d}{c}$ (2) appliquant à ces nouveaux rapports la propriété précédente (4°) on a :
$$\frac{b \pm a}{a} = \frac{d \pm c}{c}$$

renversant encore une fois on trouve :
$$\frac{a}{b \pm a} = \frac{c}{d \pm c}.$$

6° Quand on a plusieurs rapports égaux, la somme ou la différence des numérateurs et la somme ou la différence des dénominateurs forment un nouveau rapport égal à chacun des premiers.

En effet, les rapports $\dfrac{a}{b} = \dfrac{c}{d} = \dfrac{m}{n} \dots$ étant égaux, on peut supposer que la valeur de chacun d'eux soit q et écrire :
$$\frac{a}{b} = q \; ; \; \frac{c}{d} = q \; ; \; \frac{m}{n} = q.$$

d'où on tire :
$$a = bq,$$
$$c = dq,$$
$$m = nq.$$

ajoutant membre à membre ces 3 égalités on a :
$$a + c + m = bq + dq + nq \quad \text{ou} \quad q(b+d+n);$$
divisant les deux membres par $b+d+n$, il vient :
$$\frac{a+c+m}{b+d+n} = q = \frac{a}{b} = \frac{c}{d} = \frac{m}{n}.$$

Si au lieu d'ajouter membre à membre les trois égalités on avait retranché les deux dernières de la première, on aurait trouvé, en continuant comme ci-dessus :
$$\frac{a-c-m}{b-d-n} = q = \frac{a}{b} = \frac{c}{d} = \frac{m}{n}.$$

48. Il est bon de remarquer :

1° qu'en algèbre on représente généralement un nombre pair

quelconque par $2n$; car quelle que soit la valeur de n, supposée entière, $2n$ sera toujours un multiple de 2.

2°. On représente un nombre impair par $2n+1$, n étant entier.

3°. On représente une quantité essentiellement positive par $+k^2$, car quelle que soit la valeur de k, son carré sera toujours positif.

4°. Pour une raison analogue une quantité essentiellement négative sera représentée par $-k^2$.

Une quantité essentiellement positive, k^2 par exemple, est appelée en Algèbre un carré, attendu que sa racine existe, et que s'il n'est pas possible de la trouver exactement, on peut cependant l'obtenir avec telle approximation qu'on voudra.

____

Applications

1° Diviser $1 + \dfrac{a^3}{x^3}$ par $\dfrac{1}{x^2} + \dfrac{a}{x^3}$.

réduisons ces fractions au même dénominateur

$$\dfrac{x^3 + a^3}{x^3} \quad \text{à diviser par} \quad \dfrac{x+a}{x^3}$$

multiplions la fraction dividende par la fraction diviseur renversée

$$\dfrac{(x^3 + a^3)\, x^3}{x^3(x+a)}$$

Supprimons le facteur x^3 commun aux deux termes.

$$\dfrac{x^3 + a^3}{x + a}$$

La division de $x^3 + a^3$ par $x + a$ aura un reste représenté par $(-a)^3 + a^3$ ou zéro ($n°35$).

Effectuons la division on trouve pour quotient :

$$x^2 - ax + a^2$$

2° Simplifier l'expression $\dfrac{3a^3b^2 - 6a^2b^2 + 3ab^2}{a^3b^2 - ab^2}$

divisons les 5 termes par ab^2

$$\dfrac{3a^2 - 6a + 3}{a^2 - 1}$$

mettons 3 en facteur commun au numérateur.

$$\dfrac{3(a^2 - 2a + 1)}{a^2 - 1}$$

Le binôme $a^2 - 2a + 1$ est le carré de $a-1$, et le binôme $a^2 - 1$ est le produit de $(a+1)(a-1)$ (n° 24).

On peut donc écrire

$$\frac{3(a-1)(a-1)}{(a+1)(a-1)}$$

divisons les deux termes par $a-1$, on trouve : $\dfrac{3(a-1)}{a+1}$.

3° Simplifier l'expression $\dfrac{b^3 - 2a^2b + ab^2}{(b-a)(b+2a)}$

on peut écrire :

$$\frac{b^3 - a^2b - a^2b + ab^2}{(b-a)(b+2a)}, \quad \text{car } -2a^2b = -a^2b - a^2b$$

mettons en facteur commun b pour les deux premiers termes du numérateur et ab pour les deux derniers.

$$\frac{b(b^2 - a^2) + ab(b-a)}{(b-a)(b+2a)}$$

remplaçons $b^2 - a^2$ par $(b+a)(b-a)$

$$\frac{b(b+a)(b-a) + ab(b-a)}{(b-a)(b+2a)}.$$

divisons le numérateur et le dénominateur par $b-a$

$$\frac{b(b+a) + ab}{b+2a}$$

chassons la parenthèse

$$\frac{b^2 + ab + ab}{b+2a} \quad \text{ou} \quad \frac{b^2 + 2ab}{b+2a} \quad \text{ou} \quad \frac{b(b+2a)}{b+2a}$$

divisant tout par $b+2a$ on trouve b pour réponse.

(On peut arriver plus simplement au résultat, mais nous avons cru utile d'indiquer certains artifices de calcul fréquemment employés).

4°. Démontrer que l'expression $n^3 - n$ sera divisible par 24 toutes les fois que n représentera un nombre impair

$n^3 - n$ est la même chose que $n(n^2 - 1)$;

or $\qquad n^2 - 1 = (n+1)(n-1)$

donc $\qquad n^3 - n = n(n+1)(n-1)$

Mais puisque n est impair, $n-1$, n, $n+1$ expriment trois nombres consécutifs dont le premier et le dernier sont pairs, et l'on sait que si on a 3 nombres consécutifs dont celui du milieu est impair, un de ces nombres est toujours divisible par 2, un autre l'est par 4 et le nombre impair est divisible par 3, ou, s'il ne l'est pas, un des deux nombres pairs est divisible par 6. Donc $n^3 - n$ est divisible au moins par $2 \times 3 \times 4$ ou par 24.

5. Faire voir que si un nombre pair est la somme de 2 carrés sa moitié est aussi la somme de 2 carrés (proposé dans l'arithmétique de Joseph Bertrand).

Soit $2n$ un nombre pair ;

Soient aussi m et $m+d$ deux nombres dont la somme des carrés m^2 et $(m+d)^2$ égale $2n$, on pourra écrire.

$$2n = m^2 + m^2 + d^2 + 2dm.$$

$$2n = 2m^2 + 2dm + \frac{2d^2}{2}.$$

prenons la moitié des deux membres

$$n = m^2 + dm + \frac{2d^2}{4}$$

ou $$n = \left(m^2 + dm + \frac{d^2}{4}\right) + \frac{d^2}{4}$$

or $m^2 + dm + \frac{d^2}{4}$ est le carré de $m + \frac{d}{2}$, et $\frac{d^2}{4}$ celui de $\frac{d}{2}$

Donc $$n = \left(m + \frac{d}{2}\right)^2 + \left(\frac{d}{2}\right)^2$$

Ainsi n, moitié de $2n$ égale la somme de 2 carrés.

Si l'on remarque que d est la différence des 2 nombres $m+d$ et m, on pourra dire que n est la somme des carrés de deux nombres dont l'un est la demi-différence des nombres dont le carré est donné et l'autre égale le plus petit de ces mêmes nombres augmenté de leur demi-différence.

Exemple 34 est la somme des carrés 5^2 et 3^2

17 sera la somme des carrés de $\frac{1}{2}(5-3)$ ou 1 et de $3+1$ ou 4.

Exercices sur la 1re partie.

1° Écrire immédiatement le carré de $m+n-p-q$.

2° Faire le produit de $a^3 - 3a^2b + 3ab^2 - b^3$ par $a-b$.

3° Ajouter les fractions $\dfrac{a^2}{a^2 - b^2} + \dfrac{ab}{a^2 + b^2} - \dfrac{a^2 - b^2}{ab}$.

4° De $\dfrac{x}{1-a^2}$ retrancher $\dfrac{1}{a+1}$.

5° Simplifier l'expression $\dfrac{4a^3b^2 - 2a^2b^2}{6a^2b}$.

6° Simplifier $\dfrac{4a^2b - 8ab^2 + 4b^3}{2(a^2 - b^2)}$.

7° Simplifier l'expression $\dfrac{-a^3b + 2a^2b^2 - ab^3}{ab^2 - a^3}$.

8° Démontrer que la différence entre les carrés de deux nombres consécutifs est toujours un nombre impair.

9° Simplifier l'expression $\dfrac{m(m+n) - 2n(m+n)}{mn(m+n) - 3mn^2}$.

10° Démontrer que la différence entre les carrés de deux nombres entiers qui diffèrent de 2 unités est toujours divisible par 4 et que leur somme est toujours divisible par 2.

11° Un polygone a n côtés, établir la formule qui donne le nombre de ses diagonales.

12° Simplifier l'expression $\dfrac{c-b\left(\frac{ac'-ca'}{ab'-ba'}\right)}{a}$.

13° Un polygone régulier a n côtés, trouver la formule qui donne la valeur de chacun de ses angles.

14° Démontrer que tout carré impair, diminué de 1
est divisible par 8.

15° Démontrer que la différence des carrés de deux
nombres impairs est aussi divisible par 8.

DEUXIÈME PARTIE
Equations du premier degré

Définitions.

49 Une égalité est l'expression de deux quantités qui ont même valeur.

Une identité est une égalité qui reste vraie quelle que soit la valeur qu'on donne aux lettres.

ainsi $\qquad m + n = m + n$

et $\qquad a^2 - b^2 = (a+b)(a-b)$

sont des identités, parce que, dans les deux exemples, l'égalité subsiste quelque valeur qu'on donne aux lettres m, n, a, b.

50. Une équation est une égalité dans laquelle se trouvent une ou plusieurs lettres représentant des quantités inconnues. Une telle égalité n'est vérifiée que par quelques valeurs particulières des inconnues.

Les égalités $\qquad 3x + 12 = 5x - 8$
$$y^2 + 5 = 6y - 3 ,$$

dans lesquelles x et y représentent des quantités inconnues sont des équations ; la première n'est vérifiée que par une seule valeur, $x = 10$; la seconde l'est par 2 valeurs, $y = 4$ et $y = 2$.

Le premier membre d'une égalité est la quantité placée à gauche du signe $=$, le second membre est la quantité placée à droite.

Une équation est littérale lorsque les quantités connues et inconnues qui la composent sont représentées par des lettres. elle est numérique lorsque les quantités inconnues sont seules représentées par des lettres, les autres l'étant par des nombres.

Des deux équations $\qquad 5x + 8 = 7x$
$$ax - ab = bx ,$$

la première est numérique, la seconde est littérale.

Une équation est à une, deux, trois etc, inconnues suivant qu'elle renferme une, deux, trois etc. lettres représentant chacune une quantité inconnue. Elle est irrationnelle si elle contient un radical et rationnelle dans le cas contraire.

Le degré d'une équation est la plus forte somme des exposants des inconnues dans un même terme.

Les équations
$$x + y = 15,$$
$$a^2 - bx = x^2 - xb,$$
$$ab^2 - ax^2 = xy^2,$$

sont l'une du 1er degré à deux inconnues, l'autre du 2me degré à une inconnue, la dernière du 3e degré à 2 inconnues.

51. Résoudre une équation, c'est trouver pour les inconnues des valeurs qui rendent égaux ses deux membres ; ces valeurs sont les racines ou les solutions de l'équation.

Des équations sont équivalentes lorsqu'elles ont les mêmes solutions ; elles sont simultanées lorsqu'ayant les mêmes inconnues toute valeur qui satisfait à l'une satisfait aussi aux autres, et réciproquement.

Résolution d'une équation du 1er degré à une inconnue.

52. Il est évident que si l'on fait la même opération sur deux quantités égales les résultats obtenus sont encore égaux. Appliquant cet axiome à la résolution d'une équation, nous pouvons formuler les deux principes suivants :

1er Principe. On peut, sans changer les solutions d'une équation, ajouter ou retrancher une même quantité à ses deux membres.

2e Principe. On peut, sans changer les solutions d'une équation, multiplier ou diviser ses deux membres par une quantité finie (1) ne renfermant aucune inconnue.

Il résulte du premier principe que pour faire passer un terme quelconque d'un membre dans un autre, il suffit de le supprimer dans le membre où il se trouve et de l'écrire dans l'autre membre avec un signe contraire.

Soit l'équation $\qquad 5x - 4 = x + 12$.

Pour faire passer le terme -4 du premier membre dans le

(1) Une quantité est dite finie, lorsqu'elle n'est ni nulle, ni infinie.

second, ajoutons 4 aux deux membres ce qui donne

$$5x - 4 + 4 = x + 12 + 4$$

ou

$$5x = x + 12 + 4,$$

car -4 et $+4$ se détruisent.

On fait souvent passer tous les termes d'une équation dans le premier membre ; le second est alors zéro.

L'équation ci-dessus peut donc s'écrire :

$$5x - x - 12 - 4 = 0.$$

Il résulte du second principe que pour faire disparaître les dénominateurs d'une équation, il suffit de multiplier ses deux membres par le produit de tous les dénominateurs ou par leur plus petit multiple.

Ainsi l'équation $\quad \dfrac{3x}{2} - 7 = \dfrac{4x}{5}$,

devient

$$\frac{3x \times 5 \times 2}{2} - 7 \times 5 \times 2 = \frac{4x \times 5 \times 2}{5} .$$

quand on multiplie ses deux membres par 5×2, produit de ses dénominateurs. Les calculs effectués, on trouve :

$$15x - 70 = 8x,$$

équation équivalente à la première et qui n'a plus de dénominateurs.

Pour changer les signes de tous les termes d'une équation en signes contraires, il suffit de multiplier par -1 les deux membres de cette équation.

L'équation $\quad 3x - 4 = 60 - 5x$,

peut s'écrire : $\quad -3x + 4 = -60 + 5x$.

53. Lorsqu'on multiplie les deux membres d'une équation par une quantité renfermant l'inconnue, l'équation résultante contient une ou plusieurs solutions qui ne conviennent pas à la première.

Soit l'équation

$$3x = 45 \quad \text{ou} \quad 3x - 45 = 0.$$

En multipliant ses deux membres par $x - 4$, on obtient une nouvelle équation

$$(x - 4)(3x - 45) = 0,$$

qui, indépendamment de la racine de la première, contient la solution $x = 4$; car pour $x = 4$, le premier facteur devient deviens zéro et le produit de $3x-45$ par zéro est nul.

Ainsi quand on multiplie les deux membres d'une équation par une quantité renfermant l'inconnue on introduit des racines étrangères qu'il faut rejeter, pour ne conserver que celles qui vérifient l'équation primitive.

Cette remarque est très-importante.

54. On peut dire d'une manière générale que lorsqu'on a plusieurs équations simultanées, on peut les ajouter ou les retrancher, les multiplier ou les diviser membre à membre et on a encore une nouvelle équation ; car par ces différentes opérations, on ajoute ou on retranche aux deux membres une même quantité, ou bien on multiplie ou on divise les deux membres par une même quantité

Proposons-nous de résoudre l'équation

$$\frac{3(x-8)}{2} = \frac{x}{5} + 1$$

Faisons d'abord disparaître les dénominateurs ; pour cela, multiplions tous les termes par 10, produit de 2 par 5.

$\frac{3(x-8)}{2}$ multiplié par 10 donne $30\left(\frac{x-8}{2}\right)$ ou $15(x-8)$.

$\frac{x}{5}$ multiplié par 10 donne $\frac{10x}{5}$ ou $2x$

1 multiplié par 10 donne 10

L'équation devient

$$15(x-8) = 2x + 10$$

Chassons la parenthèse en multipliant $x-8$ par 15.

$$15x - 120 = 2x + 10,$$

transposons, c'est-à-dire faisons passer les termes connus dans le 1er membre et les termes inconnus dans le second.

$$15x - 2x = 10 + 120$$

réduisons les termes semblables

$$13x = 130$$

d'où $x = \frac{130}{13} = 10$.

La solution cherchée est 10, et cette valeur, mise à la place de x, rend les deux membres de l'équation proposée égaux chacun à 3

55. D'après cet exemple on voit que pour résoudre une équation du premier degré à une inconnue, il faut 1° chasser

les dénominateurs et les parenthèses s'il y en a ; 2° faire passer dans un des membres tous les termes renfermant l'inconnue et dans l'autre tous les termes connus ; 3° réduire les termes semblables ; 4° mettre l'inconnue en facteur commun si l'équation est littérale ; 5 enfin diviser les deux membres par le coefficient de l'inconnue.

Appliquons cette règle aux équations suivantes.

1° Soit l'équation numérique

$$\frac{4x}{9} + 13 = \frac{7x}{12}$$

Multiplions tous les termes par 9×12, ou mieux par le plus petit multiple, 36 des dénominateurs.

$$16x + 468 = 21x$$
$$16x - 21x = -468$$
$$-5x = -468$$
$$+5x = +468$$
$$x = \frac{468}{5} = 93,60$$

2° Soit l'équation littérale :

$$\frac{x+a}{b} - 1 = \frac{b-x}{a+b}$$

Multiplions tous les termes par $b(a+b)$ produit des dénominateurs.

$$ax + a^2 + bx + ab - ab - b^2 = b^2 - bx.$$

réduisons les termes semblables et transposons :

$$ax + 2bx = 2b^2 - a^2$$

mettons x en facteur commun

$$x(a+2b) = 2b^2 - a^2$$

divisons les deux membres par $a - 2b$, coefficient de x

$$x = \frac{2b^2 - a^2}{a + 2b}.$$

56. Pour mettre un problème en équation on se sert avantageusement du précepte suivant. On suppose la réponse trouvée et on indique à l'aide des signes algébriques les opérations à effectuer pour vérifier l'exactitude de cette réponse.

Exemples :

I. Quel est le nombre qui, augmenté de 16, devient triple de ce qu'il était d'abord ?

Soit x ce nombre.

D'après l'énoncé, en ajoutant 16 à x on doit avoir 3 fois le nombre x, ou $3x$; delà l'équation :

$$x + 16 = 3x$$
$$16 = 2x \qquad \text{d'où} \quad x = 8.$$

II. Partager 100 francs entre 3 personnes de manière que la deuxième ait 10 francs de plus que la première et la troisième 20 fr. de plus que la deuxième.

Appelons x la part de la première.

La part de la deuxième sera $\qquad x + 10$

et celle de la troisième $\qquad x + 10 + 20$

En ajoutant les 3 parts on devra trouver 100 ; donc

$$x + x + 10 + x + 10 + 20 = 100$$

transposons $\qquad x + x + x = 100 - 10 - 10 - 20$

$$3x = 60$$
$$x = 20$$

Ainsi, la part de la première est 20 fr. celle de la deuxième sera $20 + 10$ ou 30, et celle de la troisième $30 + 20$ ou 50 francs.

III. Un ouvrier n'avait plus que 12 fr. lorsqu'on lui paie 6 jours de travail ; il achète alors un habit qui lui coûte les $2/3$ de son avoir ; mais après 8 jours de travail on le paie et il se trouve possesseur de 49 fr. trouver le prix de sa journée ?

Soit x le prix de la journée.

après la première paie, l'ouvrier a $\qquad 12 + 6x$.

Il dépense les $2/3$ de cette somme, il lui reste donc le $1/3$ de

$12 + 6x \qquad$ ou $\qquad \dfrac{12 + 6x}{3}$.

Après la seconde paie il a $\qquad \dfrac{12 + 6x}{3} + 8x$;

alors il possède 49 fr. de là l'équation

$$\frac{12 + 6x}{3} + 8x = 49$$

Au lieu de chasser le dénominateur 3 par le procédé ordinaire, on peut ici diviser les deux termes de la fraction $\dfrac{12 + 6x}{3}$ par 3, ce qui ne change pas sa valeur, et on a :

$$4 + 2x + 8x = 49$$
$$10x = 49 - 4$$
$$x = \frac{45}{10} = 4\overset{f}{,}50.$$

IV. Un père porte à la poste une somme de 200 francs qu'il veut faire parvenir à son fils absent : on demande ce que recevra le destinataire.

Pour résoudre ce problème il faut savoir que la poste perçoit le centième des sommes qu'elle expédie et de plus un droit fixe de 20 centimes pour timbre lorsque les sommes dépassent 10 francs. D'après cela, si le père verse 200 fr. à la poste son fils recevra moins de 200 fr.

Appelons x la somme que recevra le fils.
Le droit de poste sera $0^f,20$ plus le centième de x, soit

$$0,20 + \frac{x}{100}.$$

En ajoutant le droit de poste à ce que recevra le fils on doit trouver 200 fr. L'équation sera donc :

$$x + 0,20 + \frac{x}{100} = 200$$
$$100x + 20 + x = 20000$$
$$101x = 19980$$
$$x = \frac{19980}{101} \quad \text{ou} \quad 197,82$$

Le fils recevra $197^f 82\ ¢$.

V. Un bassin est alimenté par 2 robinets. L'un peut le remplir en 5 heures et l'autre en 3 ; on ouvre les deux robinets et on demande en combien de temps le bassin sera plein ?

Représentons par x le temps cherché et par 1 la capacité du bassin.

En 1 heure le premier robinet remplira 1/5 du bassin ; dans le même temps le second remplira 1/3 du bassin.

Les deux robinets rempliront donc en 1 heure $\frac{1}{5} + \frac{1}{3}$ du bassin, et en x heures ils rempliront x fois plus ou $(1/5 + 1/3)x$, alors le bassin sera plein ; donc :

$$\left(\frac{1}{5} + \frac{1}{3}\right)x = 1$$
$$\frac{x}{5} + \frac{x}{3} = 1$$
$$3x + 5x = 15$$
$$8x = 15$$
$$x = \frac{15}{8} \quad \text{ou} \quad 1^h\ 7/8.$$

Généralisons cette question c'est à dire rendons la indépendante des nombres 3 et 5. Pour cela énonçons le problème comme il suit :

Un bassin est muni de deux robinets, l'un peut le remplir en t heures, l'autre en t' heures ; on ouvre les deux robinets et on demande en combien de temps le bassin sera plein

En une heure, le premier robinet remplira $\frac{1}{t}$ du bassin, et le second $\frac{1}{t'}$; en tout $\frac{1}{t} + \frac{1}{t'}$; en x heures ils rempliront x fois $\frac{1}{t} + \frac{1}{t'}$, alors le bassin sera plein et on aura l'équation :

$$\left(\frac{1}{t} + \frac{1}{t'}\right) x = 1$$

$$\frac{x}{t} + \frac{x}{t'} = 1$$

$$t'x + tx = tt'$$

$$x(t+t') = tt'$$

$$x = \frac{tt'}{t+t'}.$$

L'expression $x = \frac{tt'}{t+t'}$, est une formule ; elle peut s'appliquer à tous les problèmes analogues à celui que nous venons de résoudre.

Exemple. Un bassin peut être rempli en 8 heures par un robinet et en 12 heures par un autre ; on les ouvre à la fois et on demande en combien de temps le bassin sera plein ?

Dans la formule trouvée plus haut, remplaçons t par 8 t' par 12, on trouve :

$$x = \frac{8 \times 12}{8 + 12} = \frac{96}{20} \quad \text{ou 4 heures } \frac{4}{5}$$

VI. Dans un triangle dont la base et la hauteur ont 64 mèt. et 36 mèt. inscrire un carré s'appuyant sur la base.

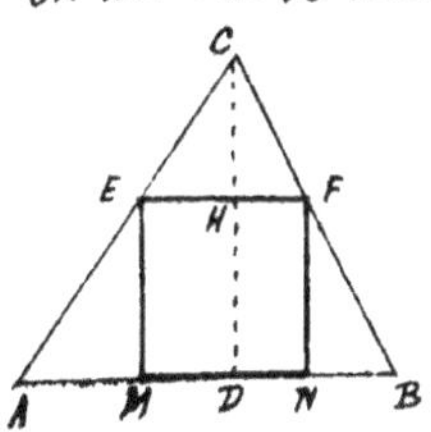

Si nous connaissions le côté du carré, il suffirait de porter sa longueur sur DC, de D en H, puis de mener HEF parallèle à AB, enfin, d'abaisser EM, FN perpendiculaires sur AB.

Supposons donc le problème résolu et soit EFNM le carré demandé dont nous appellerons le côté x.

Les triangles semblables CEF, CAB donnent

$$\frac{EF}{AB} = \frac{CH}{CD} \quad \text{ou} \quad \frac{x}{64} = \frac{36-x}{36}.$$

Résolvant cette équation on trouve successivement :

$$36x = 2304 - 64x.$$

$$100x = 2304 \qquad \text{ou} \quad x = 23^{m}04.$$

Généralisons cette question que nous énoncerons comme il suit :

Dans un triangle dont la base est b et la hauteur h, inscrire un carré s'appuyant sur la base b.

Nous aurons :

$$\frac{x}{b} = \frac{h-x}{h}$$

ou

$$hx = bh - bx.$$
$$hx + bx = bh$$
$$x(h+b) = bh \qquad \text{d'où } x = \frac{bh}{h+b}.$$

En donnant à b la valeur 64 et à h la valeur 36, on trouve $x = 23^{m}04$, comme ci-dessus.

VII. Dans un triangle dont la base est b et la hauteur h, inscrire un rectangle s'appuyant sur b et ayant d m^{t}. de différence entre ses deux dimensions (voir la figure précédente).

En appelant x la base MN ou FE, la hauteur HD sera $x-d$.

Les triangles semblables CEF, CAB, donnent :

$$\frac{EF}{AB} = \frac{CH}{CD}$$

or $CH = CD - HD$ ou $h - (x-d)$; on aura donc :

$$\frac{x}{b} = \frac{h-x+d}{h}$$
$$hx = bh - bx + bd$$
$$hx + bx = bh + bd$$
$$(h+b)x = b(h+d)$$

$$x = \frac{b(h+d)}{h+b}$$

La hauteur $HD = x-d$ s'obtiendra en remplaçant dans cette expression x par sa valeur et on aura

$$HD = \frac{b(h+d)}{h+b} - d.$$

réduisons $-d$ au même dénominateur que le terme qui le précède ; pour cela, multiplions et divisons $-d$ par $h+b$.

$$HD = \frac{b(h+d)}{h+b} - \frac{d(h+b)}{h+b}$$

$$HD = \frac{bh+bd-dh-db}{h+b}$$

$$HD = \frac{bh-dh}{h+b} \quad \text{ou} \quad \frac{h(b-d)}{h+b}$$

Les deux dimensions sont donc

$$\frac{b(h+d)}{h+b} \quad \text{et} \quad \frac{h(b-d)}{h+b}$$

En faisant dans ces formules $b = 64$, $h = 36$, on trouve
$$x = 32 \quad \text{et} \quad HD = 18.$$

On peut remarquer que le problème VI n'est qu'un cas particulier du problème VII, car si, dans ce dernier on suppose que d est nul, auquel cas le rectangle est un carré, les formules précédentes deviennent l'une et l'autre $\frac{bh}{b+h}$, comme au problème VI.

VIII Calculer l'intérêt i que rapporte un capital C placé au taux t pendant un temps n ?

100 fr. rapportant t fr. un franc rapportera $\frac{t}{100}$ et C fr. rapporteront c fois plus ou $\frac{t.c}{100}$ et cela en un an, en n années le capital rapportera n fois plus ou $\frac{t.c.n}{100}$; on aura donc l'égalité
$$i = \frac{C.n.t}{100}.$$

Dans cette formule, on peut regarder comme connues trois des quantités i, c, n, t et se proposer de calculer la quatrième. Si nous isolons successivement c, n, t, il vient :
$$C = \frac{100\,i}{nt} \quad ; \quad n = \frac{100\,i}{ct} \quad ; \quad t = \frac{100\,i}{cn}.$$

Ces trois formules et la précédente permettent de résoudre la plupart des questions d'intérêt simple et d'escompte. En les employant il faut se rappeler que si le temps est exprimé en mois, n représentera des douzièmes ; s'il est donné en jours n représentera des trois cent soixantièmes.

Résolution de deux équations du 1er degré à deux inconnues

57 Pour résoudre deux équations à deux inconnues, il faut éliminer une des inconnues, c'est-à-dire la faire disparaître, de manière à n'avoir qu'une équation qu'on résout par le procédé ordinaire.

Il y a plusieurs méthodes d'élimination.

1° Élimination par Substitution.

L'élimination par substitution consiste à tirer d'une des deux équations la valeur d'une inconnue en regardant l'autre comme connue et à porter cette valeur dans la seconde équation.

Soit le système de deux équations

(1) $\qquad 3x + y = 15$

(2) $\qquad 5x - 4y = 8$

L'équation (1) résolue par rapport à x donne :

(3) $\qquad x = \dfrac{15 - y}{3}$

Portons cette valeur à la place de x dans l'équation (2)

$$5\left(\frac{15-y}{3}\right) - 4y = 8$$

Résolvant cette équation, on trouve successivement :

$$75 - 5y - 12y = 24.$$

$$-17y = -51 \qquad \text{d'où } y = 3.$$

Si dans l'équation (3) nous remplaçons y par 3 on trouve :

$$x = \frac{15-3}{3} \quad \text{ou } 4.$$

Les valeurs des inconnues sont donc $x = 4$ et $y = 3$

Appliquons cette méthode à la résolution du problème suivant :

Trouver deux nombres connaissant leur somme S et leur quotient q.

En appelant x le plus grand des deux nombres et y le plus petit, les équations seront

(1) $\qquad x + y = S$

(2) $\qquad \dfrac{x}{y} = q$

Si on isole y, c'est-à-dire si on tire la valeur de cette inconune dans la première équation, on trouve :

$$(3) \qquad y = S - x.$$

Portons cette valeur à la place de y dans l'équation (2)

$$\frac{x}{S-x} = q \qquad \text{ou } x = Sq - qx.$$

Cette dernière équation résolue par les moyens ordinaires donne :

$$x + qx = Sq$$
$$x(1+q) = Sq$$
$$x = \frac{Sq}{q+1}$$

Mettons cette valeur à la place de x dans l'équation (3).

$$y = S - \frac{Sq}{q+1}.$$

Multiplions et divisons S par $q+1$ afin de réduire ce terme au même dénominateur que le suivant

$$y = \frac{Sq + S - Sq}{q+1} \qquad \text{ou } y = \frac{S}{q+1}.$$

Les valeurs des inconnues sont donc : $x = \frac{Sq}{q+1}$ et $y = \frac{S}{q+1}$.

Remarque. La méthode par substitution s'emploie avantageusement lorsqu'une des équations donne facilement la valeur de l'inconnue à éliminer tandis que l'autre équation est compliquée.

2° Élimination par comparaison.

58 L'élimination par comparaison consiste à tirer la valeur d'une même inconnue dans les deux équations et à égaler ces valeurs.

Soit le système des deux équations :

$$(1) \qquad 4x - y = -5$$
$$(2) \qquad 5y + 8x = 32.$$

Si nous isolons x dans chacune d'elles, on trouve :

$$(3) \quad x = \frac{-5+y}{4} \qquad \text{et } (4) \quad x = \frac{32-5y}{8}.$$

La valeur de x étant la même dans les deux équations on pourra écrire

$$\frac{-5+y}{4} = \frac{32-5y}{8}.$$

Cette équation à une inconnue résolue par le procédé ordinaire donne $$y = 6.$$

Portant cette valeur de y dans l'une des équations (3) et (4) on trouve $$x = \frac{1}{4}.$$

Les inconnues sont donc $x = \frac{1}{4}$ et $y = 4$

Appliquons cette méthode à la résolution du problème suivant :

Trouver le périmètre d'un triangle connaissant la différence d de deux côtés et les deux segments m et n que fait sur le troisième côté la bissectrice de l'angle compris par les deux premiers.

Soient x et y les côtés inconnus, les équations du problème seront :

$$(1) \qquad x - y = d$$

$$(2) \qquad \frac{x}{y} = \frac{m}{n}$$

Isolons x dans chacune de ces équations :

$$(3) \qquad x = d + y$$

$$(4) \qquad x = \frac{my}{n}$$

En égalant ces deux valeurs de x on trouve :

$$d + y = \frac{my}{n}$$

$$dn + ny = my$$

$$dn = y(m-n) \qquad \text{d'où } y = \frac{dn}{m-n}.$$

Portons cette valeur dans l'équation (3)

$$x = d + \frac{dn}{m-n}$$

Multiplions et divisons d par $m-n$ afin de réduire ce terme au même dénominateur que le suivant :

$$x = \frac{dm - dn + dn}{m-n} \qquad \text{d'où } x = \frac{dm}{m-n}.$$

Les côtés sont donc

$$\frac{dm}{m-n} \quad \text{et} \quad \frac{dn}{m-n}$$

et le périmètre demandé sera :

$$\frac{dm + dn}{m-n} + m + n$$

ou en réduisant m et n au même dénominateur que les termes précédents

$$\frac{dm + dn + m^2 + mn - mn - n^2}{m-n}$$

3º **Élimination par réduction.**

59. L'élimination par réduction consiste à réduire au même coefficient la même inconnue dans les deux équations ; puis on ajoute membre à membre les deux équations ou on les retranche l'une de l'autre suivant que l'inconnue choisie a des signes contraires ou des signes semblables dans les deux termes qui la contiennent.

Soit le système des deux équations :

$$(1) \qquad 5x - y = 5$$
$$(2) \qquad 3y - 2x = 11$$

Pour éliminer x, multiplions la première par 2 et la seconde par 5 ; ces équations deviennent :

$$10x - 2y = 10$$
$$15y - 10x = 55$$

Les termes qui contiennent x ayant des signes contraires, additionnons ces deux équations, il vient :

$$13y = 65$$

d'où

$$y = 5$$

Portant cette valeur à la place de y dans une des équations (1) ou (2) on trouve

$$5x - 5 = 5 \qquad \text{d'où} \quad x = 2$$

Remarque. La méthode par réduction est plus rapide que les précédentes lorsque les coefficients d'une inconnue sont les mêmes, ou lorsqu'on peut, par une seule opération, rendre ces coefficients égaux.

Soient par exemple les équations :

$$5x - 4y = 30$$
$$8y + 5x = 90$$

En retranchant la première de la seconde on trouve immédiatement :

$$12y = 60 \qquad \text{d'où} \quad y = 5$$

Cette valeur mise à la place de y dans la première équation donne $x = 10$.

Soient encore les équations :

$$(1) \qquad 6x - 5y = 8$$
$$(2) \qquad 7y - 2x = 8$$

Multiplions la seconde par 3, elle devient :

(3) $21y - 6x = 24$

Ajoutons ensemble les équations (2) et (3), les termes en x disparaissent et on a :

$$16y = 32 \qquad \text{d'où } y = 2.$$

et par suite $x = 3$

Appliquons cette méthode à la résolution du problème suivant :

La somme de deux nombres est S, leur différence est d, trouver ces deux nombres ?

En appelant x le grand nombre & y le petit, on a :

$$x + y = S$$
$$x - y = d.$$

additionnons ces deux équations, il vient :

$$2x = S + d \qquad \text{d'où } x = \frac{S+d}{2}$$

retranchons la seconde de la première

$$2y = S - d \qquad \text{d'où } y = \frac{S-d}{2}.$$

On voit par les formules trouvées que lorsqu'on connaît la somme de deux nombres et leur différence, on obtient le grand nombre en prenant la moitié de la somme augmentée de la différence, et le petit, en prenant la moitié de la somme diminuée de la différence.

Résolution d'un nombre quelconque n d'équations du 1er degré à n inconnues.

60. Pour résoudre trois équations à trois inconnues, on tire la valeur d'une inconnue dans l'une des équations et on la substitue dans les deux autres. On a ainsi deux équations à deux inconnues que l'on résout par les procédés ordinaires.

On peut aussi tirer la valeur d'une même inconnue dans les trois équations et égaler ces valeurs deux à deux.

En général, si on a n équations à n inconnues, on peut tirer la valeur d'une inconnue dans une équation et substituer cette valeur dans toutes les autres. Par ce moyen, on a $n-1$ équations à $n-1$ inconnues. On tire ensuite la valeur d'une inconnue dans l'une quelconque de ces $n-1$ équations et on la substitue dans les autres ; on a alors $n-2$ équations à $n-2$ inconnues.

En continuant de la même manière on arrive à une équation à une inconnue. Cette inconnue trouvée, on porte sa valeur dans une des équations à deux inconnues et l'on obtient ainsi la valeur d'une deuxième inconnue ; les valeurs de ces inconnues portées dans une des équations à 3 inconnues font trouver la valeur d'une troisième inconnue, et ainsi de suite en remontant jusqu'à une des premières équations.

Cette méthode introduit généralement dans les équations de grands dénominateurs.

La méthode par comparaison peut s'employer aussi facilement que la méthode par substitution dans la résolution de n équations à n inconnues.

Quant à la méthode par réduction, on peut aussi l'employer ; mais elle a l'inconvénient d'introduire dans les équations résultantes de grands coefficients.

Soit à résoudre le système des trois équations :

$$(1) \qquad 5x - y + 2z = 2.$$
$$(2) \qquad 3y - x + z = 15$$
$$(3) \qquad 3x + 2y - z = -2.$$

Tirons la valeur de x dans une des équations, la deuxième par exemple où cette inconnue a pour coefficient -1.

On a : $\qquad x = -15 + 3y + z.$

Portant cette valeur à la place de x dans les deux autres équations on obtient le système :

$$5(-15 + 3y + z) - y + 2z = 2$$
$$3(-15 + 3y + z) + 2y - z = -2.$$

Ces équations simplifiées deviennent :

$$14y + 7z = 77$$
$$11y + 2z = 43$$

En les résolvant par une des méthodes connues on trouve :

$$y = 3 \quad \text{et} \quad z = 5.$$

Ces valeurs de y et de z mises dans une des équations (1) ou (2) ou (3) donnent :

$$x = 1.$$

Soit encore le système des trois équations :

$$(1) \quad 2x + 3y + 4z = 20$$
$$(2) \quad 3x + 2z + 4y = 17$$
$$(3) \quad 4x + 3z + 2y = 17$$

Isolons x dans les trois équations :

$$x = \frac{20 - 3y - 4z}{2}.$$
$$x = \frac{17 - 2z - 4y}{3}.$$
$$x = \frac{17 - 3z - 2y}{4}.$$

Egalons la première de ces valeurs d'abord à la deuxième, puis à la troisième

$$\frac{20 - 3y - 4z}{2} = \frac{17 - 2z - 4y}{3}$$
$$\frac{20 - 3y - 4z}{2} = \frac{17 - 3z - 2y}{4}$$

Ces équations simplifiées deviennent :

$$y + 8z = 26$$
$$8y + 10z = 46$$

En les résolvant par une des méthodes connues, on trouve :

$$y = 2 \quad \text{et} \quad z = 3.$$

Ces valeurs mises à la place de y et de z dans une des équations (1) (2) ou (3) donnent

$$x = 1$$

Soient enfin les quatre équations :

$$(1) \quad x + 2y - 3z + 4v = 31$$
$$(2) \quad 3x - 4z + 3y - v = 8$$
$$(3) \quad 2x + 3v - 5z - y = 13$$
$$(4) \quad 2x + v - z + 2y = 17$$

Isolons x dans chacune d'elles :

$$(5) \quad x = 31 - 2y + 3z - 4v.$$
$$(6) \quad x = \frac{8 + 4z - 3y + v}{3}$$
$$(7) \quad x = \frac{13 - 3v + 5z + y}{2}$$
$$(8) \quad x = \frac{17 - v + z - 2y}{2}$$

Egalons la première valeur de x à chacune des trois autres :

$$31 - 2y + 3z - 4v = \frac{8 + 4z - 3y + v}{3}$$
$$31 - 2y + 3z - 4v = \frac{13 - 3v + 5z + y}{2}$$
$$31 - 2y + 3z - 4v = \frac{17 - v + z - 2y}{2}$$

ces équations simplifiées deviennent :

$$3y - 5z + 13v = 85$$
$$5y - z + 5v = 49$$
$$2y - 5z + 7v = 45$$

En résolvant ces trois équations comme nous avons résolu celles de l'exemple précédent on trouve :

$$y = 4 \ , \ z = 1 \ \text{et} \ v = 6.$$

Ces valeurs mises à la place de y de z et de v dans l'une des équations (5) (6) (7) et (8) donnent.

$$x = 2$$

61. Remarque . Lorsqu'on a à résoudre un système d'équations du premier degré à plusieurs inconnues, on peut souvent s'affranchir des règles que nous avons données pour l'élimination et arriver plus rapidement au résultat . Pour cela on emploie certains artifices de calcul qui consistent soit dans le choix convenable des inconnues à éliminer, soit dans la combinaison entre elles de plusieurs équations, soit dans d'autres moyens qu'une longue pratique fait trouver .

Voici quelques exemples de ces simplifications :

I Deux joueurs conviennent que celui qui perdra doublera l'argent de l'autre ; ils jouent deux parties , en perdent chacun une et se retirent l'un et l'autre avec a francs : combien avaient-ils en commençant ?

Soient x l'avoir du premier et y celui du second. Le premier, qui a perdu , ne possède plus que $x-y$, tandis que le second a $2y$.

Le second qui perd ensuite n'a plus que $2y - (x-y)$ alors que le premier a $2(x-y)$

D'après l'énoncé on aura les équations :

$$2(x-y) = a$$
$$2y - (x-y) = a$$

La première équation divisée par 2 donne $x-y = \dfrac{a}{2}$;
En remplaçant dans la seconde $x-y$ par $\dfrac{a}{2}$, il vient

$$2y - \frac{a}{2} = a$$
$$\text{d'où } y = \frac{3a}{4} \quad \text{et par suite } x = \frac{5a}{4}$$

II Trouver les deux dimensions d'un rectangle dont le périmètre a 420 mèt. sachant qu'il est semblable à un second rectangle ayant 40 mèt. de base et 30 de hauteur.

En appelant x et y les dimensions cherchées, on aura, puisque les rectangles sont semblables :

$$x + y = 210$$

$$\frac{x}{40} = \frac{y}{30}$$

La seconde équation étant formée de deux rapports égaux, ajoutons les numérateurs entre eux et les dénominateurs aussi entre eux, et nous aurons un nouveau rapport égal à chacun des premiers (N° 47. 6°).

$$\frac{x+y}{70} = \frac{x}{40} = \frac{y}{30}$$

or $x + y = 210$,

donc

$$\frac{210}{70} = \frac{x}{40} = \frac{y}{30}$$

En égalant le premier rapport à chacun des deux autres, on trouve immédiatement :

$$x = 120 \quad \text{et} \quad y = 90$$

III Décrire des sommets d'un triangle comme centres, trois circonférences tangentes entre elles extérieurement.

Supposons le problème résolu et soient A, B, C les trois circonférences.

Appelons x, y, z, leurs rayons, a, b, c, les côtés du triangle et p le demi-périmètre, on aura :

$$x + y = a$$
$$x + z = b$$
$$y + z = c$$

Additionnons ces trois équations, on trouve :

$$2x + 2y + 2z = a + b + c \quad \text{ou } 2p.$$

Divisons les deux membres par 2

$$x + y + z = p.$$

Si de cette dernière équation on retranche successivement chacune des trois premières, on trouve :

$$z = p - a \quad , \quad y = p - b \quad , \quad x = p - c$$

Des inégalités.

62. Une inégalité est l'expression de deux quantités dont l'une est plus grande que l'autre.

Exemple $\qquad 5x + 4 > 4x + 2.$

Le premier membre d'une inégalité est la quantité placée à gauche du signe $>$, le second, la quantité placée à droite du même signe.

On peut faire subir aux inégalités la plupart des transformations qu'on fait subir aux équations.

1° On peut sans troubler une inégalité ajouter ou retrancher une même quantité à ses deux membres.

En effet, si on a

$$m > n,$$

on aura aussi

$$m + p > n + p \qquad \text{et} \quad m - p > n - p,$$

car la différence qu'il y a entre m et n existera encore lorsqu'on aura ajouté ou retranché p aux deux membres.

Il résulte de là qu'on peut faire passer un terme d'un des membres dans l'autre en ayant soin de changer son signe. Cependant on ne peut changer les signes de tous les termes d'une inégalité qu'autant qu'on change le sens de cette inégalité.

Soit l'inégalité $\qquad 9 > 4$

Si nous changeons les signes, ces deux termes deviennent négatifs et on sait (N° 15) qu'un nombre négatif est d'autant plus petit que sa valeur, abstraction faite du signe est plus grande : il faut donc écrire :

$$-9 < -4$$

2° On peut, sans troubler une inégalité, multiplier tous ses termes par une même nombre positif ; car si deux quantités sont inégales, leur double, leur triple, leur moitié, leur dixième etc, sont-inégaux.

Mais si l'on multiplie ou si l'on divise tous les termes d'une inégalité par un nombre négatif, il faut avoir soin de changer le sens de l'inégalité.

Ceci étant compris, nous pourrons résoudre les questions suivantes :

I Trouver un nombre entier tel que ses $3/5$ diminués de 12 soient plus grands que sa moitié augmentée de 2.

Soit x ce nombre. On aura d'après l'énoncé :

$$\frac{3x}{5} - 12 > \frac{x}{2} + 2$$

Chassons les dénominateurs :

$$6x - 120 > 5x + 20$$

ou

$$x > 140.$$

Ainsi tous les nombres entiers plus grands que 140 satisfont à l'énoncé.

II Quels sont les nombres entiers positifs ou négatifs qui peuvent satisfaire aux deux inégalités suivantes.

$$5x - 6 > 32 - 14$$

$$\frac{7x + 6}{2} < x + 12.$$

De la première on tire :

$$x > -4$$

et de la seconde ,

$$x < \frac{18}{5} \text{ ou } 3 + \frac{3}{5}.$$

Les nombres demandés seront donc :

$$-3 \, -2 \, -1 \, . \, 0 \, . \, 1 \, . \, 2 \, . \, 3 \, .$$

car ils sont tous compris entre -4 et $+3\frac{3}{5}$.

Interprétation des valeurs négatives trouvées dans la résolution d'un problème

63. Lorsque la résolution d'un problème conduit à une valeur négative, on peut dire d'une manière générale qu'il y a incompatibilité entre les conditions de l'énoncé, et que le problème est impossible. Cependant il est certaines grandeurs, la durée, l'espace, les degrés de température etc, qui sont susceptibles d'être comptées dans deux sens inverses l'un de l'autre ; dans ces cas, une

solution négative indique que la valeur trouvée pour réponse doit être prise dans un sens inverse de celui dans lequel on la prend ordinairement, sauf le cas où la question posée ne comporte pas une solution de ce genre.

On sait par exemple que le zéro de l'échelle des thermomètres usités en France correspond à la température de la glace fondante et que les divisions placées au-dessus du zéro, sur l'échelle, indiquent des températures supérieures, tandis que celles marquées au-dessous désignent des températures inférieures. Une valeur négative telle que $-6°$ trouvée pour un problème signifie donc qu'il faut prendre 6 divisions au-dessous du zéro et non au-dessus. De même, s'il s'agit de la durée et que la solution d'un problème ait donné une réponse négative, -14 ans par exemple, il faudra compter 14 ans avant l'époque prise pour origine dans l'évaluation de la durée.

L'espace aussi peut être compté dans les deux sens. On convient de regarder comme positives les distances parcourues de gauche à droite sur une ligne indéfinie xy, à partir d'un point O pris pour origine, et comme négatives celles parcourues de droite à gauche, à partir de ce même point.

$$x \underline{\quad\quad M' \quad\quad\quad O \quad\quad M \quad\quad\quad B\quad} y$$

64. Il est bon de remarquer qu'une quantité négative n'est pas nécessairement plus petite qu'une quantité positive. Ainsi un voyageur qui voulant aller de O en B sur la droite xy parcourrait la distance négative $-OM'$ ferait plus de chemin que celui qui parcourrait la distance positive $+OM$; mais le premier se serait éloigné du but tandis que le second s'en serait approché.

Il faut aussi se rappeler que les signes $+$ ou $-$, indiquant une addition ou une soustraction à effectuer, ce n'est que par extension qu'on a appelé positive une quantité précédée du signe $+$ et négative une quantité précédée du signe $-$. Il est donc nécessaire de distinguer dans une quantité algébrique la valeur absolue et la valeur relative.

La valeur absolue est la quantité prise en elle-même sans tenir compte de son signe ; la valeur relative est la quantité prise avec son signe. Ainsi -4 a pour valeur absolue 4 unités et pour valeur relative 4 unités qu'il faut retrancher ; de même $+m$ a pour valeur absolue m qui peut être positive ou négative suivant que cette lettre représente un nombre positif ou un nombre négatif et sa valeur relative est m à ajouter.

Nous allons résoudre quelques problèmes donnant lieu à des solutions négatives.

1° Un bassin est muni de 3 robinets ; le premier le remplirait seul en 12 heures, le deuxième le remplirait seul aussi en 15 heures, mais un troisième le viderait en 6 heures. On ouvre les 3 robinets à la fois et on demande en combien de temps le bassin sera plein.

Représentons par x le temps cherché et par 1 la capacité du bassin.

Le 1er robinet remplira en 1 heure $\frac{1}{12}$ du bassin.

Le 2e remplira dans le même temps $\frac{1}{15}$ id.

Le 3e videra en 1 heure $\frac{1}{6}$ id.

Retranchant la 3e fraction de la somme des deux autres, on aura

$$\frac{1}{12} + \frac{1}{15} - \frac{1}{6}$$

pour la partie du bassin remplie en 1 heure. En multipliant ce résultat par x, on obtiendra l'équation.

$$\left(\frac{1}{12} + \frac{1}{15} - \frac{1}{6} \right) x = 1$$

ou

$$(90 + 72 - 180) x = 1080$$

$$-18\,x = 1080$$

$$x = \frac{1080}{-18} = -60 \text{ heures}$$

Cette solution négative indique que le problème est impossible. Il existe en effet une incompatibilité dans les conditions de l'énoncé car la somme des 2 fractions $\frac{1}{12} + \frac{1}{15}$ ou $\frac{27}{180}$, est moindre que $\frac{1}{6}$ ou $\frac{30}{180}$ ainsi le bassin ne se remplira jamais les deux premiers robinets donnant moins de liquide que n'en peut faire écouler le troisième.

Le problème deviendra possible si on en modifie l'énoncé comme il suit :

Un bassin est muni de 3 robinets le premier le remplirait seul en 12 heures, le 2ᵉ le remplirait en 15 heures mais le troisième le viderait en 6 heures : On demande dans combien de temps le bassin plein sera vide.

L'équation est alors :

$$\left(\frac{1}{6} - \frac{1}{12} - \frac{1}{15}\right)x = 1$$

d'où on tire $\qquad x = 60$ heures.

II. Un père a 39 ans et son fils en a 15 : dans combien de temps l'âge du père sera-t-il le triple de celui de son fils ?

Soit x le temps cherché ; après x années l'âge du père sera $39 + x$ et celui du fils $15 + x$.

Donc :
$$39 + x = 3(15 + x)$$
$$39 + x = 45 + 3x$$
$$-6 = 2x$$
$$x = -3 \text{ ans}.$$

Ici la réponse négative -3 ans indique que le temps demandé ne se trouvera pas dans l'avenir, mais qu'il faut le chercher dans le passé. En effet, il y a 3 ans que le père avait 3 fois l'âge du fils ; car à cette époque le premier avait 36 ans et le second 12.

L'énoncé modifié comme il suit fournit une solution positive.

Un père a 39 ans et son fils 15 : combien y a-t-il de temps que l'âge du premier était le triple de celui du second ?

En posant $\qquad 39 - x = 3(15 - x)$

on trouve $\qquad x = 3$ ans.

III. Deux voyageurs dont l'un fait 18 kilomèt. à l'heure et l'autre 12 partent en même temps, le premier de Paris, le second d'Orléans se rendant à Toulouse : à quelle distance de Limoges se rencontreront-ils sachant que de Paris à Orléans il y a 120 kilomèt. et que d'Orléans à

Limoges on en compte 280?

Appelons x cette distance que nous supposerons située au-delà de Limoges, sur la route de Toulouse.

Le courrier qui part de Paris fera

$$120 + 280 + x \text{ Kilomèt.}$$

celui qui part d'Orléans fera

$$280 + x \text{ Kilomèt}$$

Le temps employé par le premier courrier sera

$$\frac{120 + 280 + x}{18}$$

et celui employé par le second

$$\frac{280 + x}{12}.$$

Or ces temps sont égaux puisque les courriers partent à la même heure ; on aura donc l'équation :

$$\frac{120 + 280 + x}{18} = \frac{280 + x}{12}.$$

d'où

$$x = -40 \text{ Kilomètres.}$$

Cette réponse négative indique que les courriers se rencontreront 40 Kilomèt. en deça de Limoges et non au-delà.

L'énoncé du problème modifié comme il suit, donnera une solution positive :

Deux voyageurs dont l'un fait 18 Kilomèt. à l'heure et l'autre 12, partent en même temps le premier de Paris, le second d'Orléans se rendant à Toulouse : a quelle distance en avant de Limoges se rencontreront-ils sachant que de Paris à Orléans il y a 120 Kilomèt. et que d'Orléans à Limoges on en compte 280?

L'équation sera :

$$\frac{120 + 280 - x}{18} = \frac{280 - x}{12}$$

de laquelle on tire

$$x = 40 \text{ Kilomètres.}$$

65. **Remarque.** Les exemples qui précèdent suffisent pour montrer 1° qu'une solution négative indique souvent que la grandeur trouvée doit être prise

dans un sens inverse de celui dans lequel on la prend ordinairement : 2° qu'une solution négative peut aussi indiquer l'impossibilité de satisfaire à l'énoncé d'un problème lequel renferme des conditions incompatibles ; mais elle montre aussi, en général, quelle modification doit être faite dans l'énoncé pour que la solution devienne positive.

De divers cas d'impossibilité

66. Une impossibilité dans la résolution d'un problème n'est pas toujours indiquée par une réponse négative ; elle peut souvent se présenter sous d'autres formes qu'il est bon de faire connaître.

Exemple. Trouver un nombre tel que sa moitié augmentée de 6 égale deux fois son quart augmenté de 4.

Soit x ce nombre ; on a d'après l'énoncé.

$$(1) \qquad \frac{x}{2} + 6 = 2\left(\frac{x}{4} + 4\right)$$

$$(2) \qquad \frac{x}{2} + 6 = \frac{x}{2} + 8$$

$$x + 12 = x + 16$$

$$x - x = 4 \qquad \text{ou } x(1-1) = 4$$

$$(3) \qquad 0 \times x = 4$$

Ici l'impossibilité est manifeste ; car il n'y a pas de nombre qui multiplié par zéro donne 4. Cette impossibilité apparaissait déjà dans l'équation (2), En effet si dans cette équation nous retranchons $\frac{x}{2}$ aux deux membres, on trouve $6 = 8$, ce qui est absurde.

Remarque. L'équation (3) peut s'écrire

$$x = \frac{4}{0}$$

or lorsqu'une quantité finie est divisée successivement par des nombres de plus en plus petits, les quotients sont de plus en plus grands ; donc en divisant cette quantité par zéro, on aura l'infiniment grand pour quotient.

L'expression $x = \frac{4}{0}$ indique l'infini et se représente par le symbole $+\infty$.

Autre exemple. Trouver deux nombres tels que 2 fois le premier moins 3 fois le second égale 15 et que 4 fois le premier moins 6 fois le second égale 42.

On a d'après l'énoncé :

$$2x - 3y = 15$$
$$4x - 6y = 42$$

De la 1ʳᵉ on tire :

$$x = \frac{15 + 3y}{2}$$

Cette valeur portée à la place de x dans la seconde équation donne

$$4 \left(\frac{15 + 3y}{2} \right) - 6y = 42.$$

d'où $30 = 42$, résultat absurde.

Les équations du problème sont en effet incompatibles ; car si l'on prend la moitié de la seconde il vient :

$$2x - 3y = 21 ;$$

cette équation et la première ont les premiers membres égaux, tandis que les seconds ne le sont pas.

De l'indétermination

67. Un problème est déterminé lorsque son énoncé fournit autant d'équations différentes qu'il renferme d'inconnues ; s'il fournit moins d'équations qu'il n'a d'inconnues, il est indéterminé.

Soit à résoudre la question suivante :

Trouver deux nombres tels que la différence entre le double du premier et le triple du second soit 40.

En appelant x et y les nombres demandés on aura l'équation :

$$2x - 3y = 40$$

d'où $x = \frac{40 + 3y}{2}$.

Si l'on donne à y des valeurs quelconques $1, 2, 3, 4 \ldots$ on trouve successivement

$$x = \frac{43}{2} , \quad x = 23, \quad x = \frac{49}{2} , \quad x = 26 \ldots$$

Il y a donc une infinité de solutions et le problème est indéterminé.

Il est cependant certains problèmes indéterminés dont les conditions de l'énoncé sont telles que le nombre des solutions est restreint ; tel est le suivant.

Faire la longueur du mètre en ajoutant les unes à la suite des autres des pièces de 10 centimes et de 5 centim. les diamètres de ces pièces étant 30 et 25 millimètres.

En appelant x le nombre des pièces de 10 centimes et y celui des pièces de 5 centim. on a l'équation :

$$30 x + 25 y = 1000$$

ou, en divisant les deux membres par 5

$$(1) \qquad 6 x + 5 y = 200.$$

De cette équation on tire :

$$(2) \qquad x = \frac{200 - 5 y}{6}$$

la nature de la question exige que x et y ne soient pas nuls, et de plus que les valeurs de ces inconnues soient entières ; le nombre des solutions est donc restreint. Pour trouver ces solutions mettons l'équation (2) sous la forme

$$(3) \qquad x = \frac{200}{6} - \frac{5 y}{6}, \quad \text{ou} \quad x = 33 + \frac{2}{6} - \frac{5 y}{6}$$

or la valeur de x ne sera entière qu'autant que l'expression $\frac{2 - 5 y}{6}$ le sera ; posons donc :

$$\frac{2 - 5 y}{6} = v, \quad v \text{ étant un nombre entier.}$$

L'équation (3) peut alors s'écrire :

$$(4) \qquad x = 33 + v$$

l'équation $\frac{2 - 5 y}{6} = v$, résolue par rapport à y donne

$$(5) \qquad y = \frac{2 - 6 v}{5} = - v + \frac{2}{5} - \frac{v}{5}.$$

la valeur de y devant être entière il faut que l'expression $\frac{2 - v}{5}$ le soit aussi ; écrivons donc

$$\frac{2 - v}{5} = t, \quad t \text{ étant un nombre entier.}$$

et l'équation (5) devient

$$(6) \qquad y = - v + t.$$

L'équation $\frac{2-v}{5}=t$, résolue par rapport à t donne :
$$v = 2-5t \text{ , expression entière.}$$
Cette valeur de v portée dans les équations (4) et (6) donne :

$$(7) \qquad x = 33+2-5t \ = 35-5t$$
$$(8) \qquad y = -2+5t+t \ = 6t-2$$

Puisque x et y doivent être plus grands que zéro, posons

$$35-5t > 0 \ ; \ d'où \ t < 7.$$
$$6t-2 > 0 \ ; \ d'où \ t > \frac{1}{3}$$

Ainsi t devant être un nombre entier plus grand que $\frac{1}{3}$ et plus petit que 7, vaudra 1. 2. 3. 4. 5 et 6.

Portant ces valeurs dans chacune des équations (7) et (8) on trouve :

pour $t =$	1	2	3	4	5	6
$x =$	30	25	20	15	10	5
$y =$	4	10	16	22	28	34

On peut vérifier que les valeurs correspondantes de x et de y fournissent une solution de la question. Et le problème, bien qu'étant indéterminé, n'a que 6 solutions.

68. L'indétermination ne se manifeste pas seulement lorsque l'énoncé d'un problème fournit moins d'équations qu'il ne renferme d'inconnues ; elle peut encore avoir lieu lorsqu'on a trouvé autant d'équations que l'énoncé a d'inconnues ; Exemple :

Quel est le nombre qui étant diminué de sa moitié et de 8 égale 4 fois son huitième diminué de 2.

On a d'après l'énoncé :

$$x - \frac{x}{2} - 8 = 4\left(\frac{x}{8} - 2\right).$$

Résolvant cette équation on trouve :
$$(11) \qquad 8x - 4x - 64 = 4x - 64.$$
$$8x - 8x = 64 - 64.$$
$$0 \times x = 0$$
$$x = \frac{0}{0}$$

Les formes $0 \times x = 0$, $0 = 0$, $x = \frac{0}{0}$ sont celles de l'indétermination, car un nombre quel qu'il soit, multiplié par zéro donne zéro ; le problème proposé a donc une infinité de solutions. On ne sera pas étonné d'un tel résultat si on remarque, comme le montre l'équation (2), que l'égalité fournie par l'énoncé est une identité.

69. Remarque, I. Lorsque dans la résolution de 2 ou 3 etc, équations à 2 ou 3 équations, on arrive à ce symbole $0 = 0$, ou $x = \frac{0}{0}$, on peut être certain qu'une des équations se reproduit 2 fois sous deux formes différentes. Exemple :

Trouver deux nombres tels que deux fois le premier moins 3 fois le second donne 5 et que 10 fois le premier moins 25 égale 15 fois le second.

On a :
$$2x - 3y = 5.$$
$$10x - 25 = 15y.$$

Isolons x dans la première équation : $x = \frac{5 + 3y}{2}$.

cette valeur de x portée dans la seconde donne

$$\frac{10(5 + 3y)}{2} - 25 = 15y$$

$$50 + 30y - 50 = 30y.$$

$$0 = 0$$

Il y a indétermination. On voit en effet, que la seconde équation qu'on peut écrire : $10x - 15y = 25$, n'est autre que la première qui a été multipliée par 5.

II. Le symbole $x = \frac{0}{0}$, ou $0 = 0$ n'indique pas toujours une indétermination absolue, car il peut arriver qu'une expression fractionnaire prenne cette forme pour certaines valeurs de l'inconnue et non pour d'autres, et cela parce qu'il y a un facteur commun au numérateur et au dénominateur. En supprimant ce facteur, on lève l'indétermination.

Soit la fraction $x = \frac{3y - 6}{4y - 8}$,

elle devient $x = \frac{0}{0}$ quand on fait $y = 2$

Mais cette fraction peut s'écrire :

$$x = \frac{3(y - 2)}{4(y - 2)}.$$

Si l'on supprime le facteur $y - 2$, commun aux 2 termes

on trouve $\qquad x = \dfrac{3}{4}$.

Soit encore la fraction $\qquad y = \dfrac{5x - 15}{(x-3)^2}$

elle devient $y = \dfrac{0}{0}$, pour $x = 3$.

Mais on peut la mettre sous la forme :

$$y = \frac{5(x-3)}{(x-3)^2}$$

alors en supprimant le facteur $x - 3$ commun aux deux membres $\qquad y = \dfrac{5}{x-3}$.

qui devient infinie pour $x = 3$

Discussion de l'équation générale du 1er degré à une inconnue.

70. Une équation du premier degré a une inconnue peut toujours être ramenée à la forme :

$$ax = b, \quad \text{d'où } x = \frac{b}{a}.$$

dans laquelle les lettres a et b tiennent la place de valeurs connues, positives ou négatives ou même nulles, chacune d'elles pouvant d'ailleurs représenter un polynome.

C'est cette valeur de x que nous allons discuter.

1° Supposons le quotient $\dfrac{b}{a}$ positif.

alors si a et b ne sont pas nuls, on a pour x une valeur et une seule qui satisfait l'équation.

Si b est nul sans que a le soit, on a $x = \dfrac{0}{a}$ ou zéro, et le problème est impossible, à moins qu'il ne s'agisse de grandeurs susceptibles d'être comptées dans les deux sens, auquel cas $x = 0$ indique l'origine, le point d'où on commence à compter.

Si a est nul sans que b le soit, on a $x = \dfrac{b}{0} = \infty$ ou l'infini, et le problème est encore impossible. Cependant, en Géométrie, comme nous le verrons bientôt, ce symbole indique le parallélisme.

Enfin, si a et b sont nuls en même temps, on a $x = \dfrac{0}{0}$ et le problème est indéterminé.

2° Supposons le quotient $\dfrac{b}{a}$ négatif.

alors le problème est généralement impossible, à moins qu'il ne s'agisse de grandeurs qu'on peut compter dans les deux sens, auquel cas la réponse négative indique que la valeur trouvée doit être prise en sens inverse de celui dans lequel on la prend ordinairement.

Problème. On donne deux cercles dans lesquels on mène 2 rayons parallèles R et r de même sens et dans une direction quelconque ; on joint les extrémités CD de ces rayons et on demande à quelle distance du point A cette droite rencontrera la ligne des centres sachant que la longueur $AB = a$.

Appelons x la longueur AP, les triangles semblables ADP, BCP donnent :

$$\frac{R}{r} = \frac{x}{x-a}$$

d'où l'on tire facilement :

$$x = \frac{aR}{R-r}$$

Discutons cette formule.

Remarquons d'abord que pour deux circonférences données de grandeur & de position, la rencontre se fera toujours à la même distance du point A, quelle que soit la direction des deux rayons, car les quantités a, r et R étant invariables le quotient $\dfrac{aR}{R-r}$ aura toujours la même valeur.

Supposons maintenant que a, r et R puissent varier.

Si on a $R > r$, la valeur de x sera positive et la rencontre se fera à droite du point A.

Si on a $R = r$, $x = \dfrac{aR}{0} = \infty$ et la droite DC ne rencontrera pas la ligne des centres. On voit qu' ici le symbole ∞ indique le parallélisme.

Si on a $R < r$, la valeur de x est négative et la rencontre se fait à gauche du point A.

Si $a = 0$, le produit aR est nul et $x = \dfrac{0}{R-r} = 0$ alors la rencontre a lieu au point A. En effet les deux cercles sont concentriques et les rayons étant parallèles, sont placés l'un sur l'autre.

Enfin si on a $R=0$ et $r=0$ la valeur de x prend la forme $\frac{0}{0}$ et le problème est indéterminé : résultat qu'on pouvait prévoir, car les rayons étant nuls, la droite qui joint leurs extrémités n'est autre que la ligne des centres ; la rencontre a donc lieu sur tous les points de cette ligne.

II — On a un lingot d'argent pesant n grammes au titre t ; on demande combien il faudra lui ajouter de grammes d'un second lingot au titre t' pour que l'alliage obtenu soit au titre t''.

Pour résoudre ce problème on doit se rappeler 1° que le titre d'un lingot est le poids de la matière précieuse divisé par le poids total. 2° Que pour obtenir la matière précieuse d'un alliage il faut multiplier le poids de cet alliage par le titre.

Appelons x le poids demandé.

$t'x$ sera l'argent pur contenu dans les x grammes enlevés au deuxième lingot, nt sera l'argent pur contenu dans le premier lingot, $n+x$ exprimera le poids total du lingot obtenu, et l'argent pur de ce lingot sera $(n+x)t''$.

Or cet argent doit égaler celui contenu dans le premier lingot, plus celui contenu dans la partie enlevée du second ; on aura donc l'équation :

$$t'x + nt = (n+x)\,t''$$

En la résolvant, on trouve facilement

$$x = \frac{(t-t'')\,n}{t''-t'}.$$

Discussion. — En général le problème ne sera possible que si la valeur de x est positive, ce qui exige que le titre nouveau t'' soit intermédiaire entre les titres t et t' des lingots. Cette condition étant remplie, t peut être plus grand ou plus petit que t'. Dans le premier cas le numérateur et le dénominateur sont positifs ; dans le second, le numérateur et le dénominateur sont négatifs, mais le quotient est toujours positif.

Si on a $t=t'$, t'' étant intermédiaire entre les deux

titre vaudra t ou t', le numérateur et le dénominateur étant nuls, la valeur de x prendra la forme $x = \frac{0}{0}$; il y aura indétermination. Ce résultat était facile à prévoir, car si les titres sont les mêmes, on peut prendre telle fraction qu'on voudra de chacun des deux lingots et l'alliage obtenu aura toujours le même titre.

Si on a $t'' = t$, la valeur de x est $\frac{0}{t'-t'}$ ou zéro ; il y a impossibilité. On ne peut, en effet, avec deux lingots de titres différents obtenir un troisième lingot de même titre que le premier.

Enfin, si on a $t'' = t'$, $x = \frac{(t-t')n}{0} = \infty$; le problème est encore impossible. Dans ce cas le symbole de l'infini indique que le titre s'approcherait de plus en plus de t'' à mesure qu'on prendrait un poids plus grand du second lingot.

<u>III</u>. Un père partage son bien entre ses enfants de la manière suivante : il donne au premier a fr. plus les $\frac{n}{m}$ du reste ; il donne au second $2a$ fr. plus les $\frac{n}{m}$ du reste ; au troisième $3a$ fr. plus les $\frac{n}{m}$ du reste, et ainsi de suite ; On demande 1° la valeur du bien, 2° la part de chaque enfant, 3° le nombre d'enfants, on sait d'ailleurs que les parts ont été égales.

Soit x le bien.

Le premier enfant aura : $a + (x-a)\frac{n}{m}$.

Le second aura $2a +$ les $\frac{n}{m}$ du reste ; or le reste sera évidemment

$$x - a - (x-a)\frac{n}{m} - 2a \quad\text{ou}\quad x - 3a - \frac{nx}{m} + \frac{an}{m}$$

les $\frac{n}{m}$ du reste seront :

$$\frac{nx}{m} - \frac{3an}{m} - \frac{n^2x}{m^2} + \frac{an^2}{m^2}.$$

La part du second sera donc :

$$2a + \frac{nx}{m} - \frac{3an}{m} - \frac{n^2x}{m^2} + \frac{an^2}{m^2}.$$

puisque les parts sont égales on aura l'équation :

$$a + (x-a)\frac{n}{m} = 2a + \frac{nx}{m} - \frac{3an}{m} - \frac{n^2x}{m^2} + \frac{an^2}{m^2}.$$

Chassons la parenthèse et les dénominateurs

$$am^2 + mnx - amn = 2am^2 + mnx - 3amn - n^2x + an^2.$$

d'où $$x = \frac{a}{n^2}(m^2 + n^2 - 2mn) = a\left(\frac{m-n}{n}\right)^2 \quad \dots \quad (1).$$

Le bien étant connu, on obtiendra la part d'un enfant en remplaçant x par sa valeur dans l'expression

$$a + (x-a)\frac{n}{m}.$$

on trouve successivement

$$a + \frac{nx}{m} - \frac{an}{m}$$

$$a + \frac{na}{m}\left(\frac{m-n}{n}\right)^2 - \frac{an}{m}$$

$$a - \frac{an}{m} + \frac{an}{m}\left(\frac{m^2+n^2-2mn}{n^2}\right)$$

$$\frac{amn - an^2 + am^2 + an^2 - 2amn}{mn}$$

$$\frac{am^2 - amn}{mn} \qquad \text{ou} \qquad \frac{a(m-n)}{n}. \qquad (2).$$

Enfin, le nombre d'enfants s'obtiendra en divisant le bien par la portion de chaque enfant ; on aura donc

$$\frac{a\left(\frac{m-n}{n}\right)^2}{a\left(\frac{m-n}{n}\right)}$$

Si l'on supprime le facteur $a\left(\frac{m-n}{n}\right)$ commun au numérateur et au dénominateur on trouve $\frac{m-n}{n}$. $\qquad (3)$

Discussion. La formule (3) indiquant le nombre d'enfants est nécessairement positive et entière ; mettons-la sous la forme $\quad \frac{m}{n} - \frac{n}{n} \quad$ ou $\quad \frac{m}{n} - 1$;
cette expression ne sera entière et positive que si m est un multiple de n. Nous pouvons donc conclure que la quantité $\frac{m}{n}$ réduite à sa plus simple expression aura l'unité pour dénominateur.

Formules générales pour la résolution de deux équations du premier degré à deux inconnues.

71. Deux équations du premier degré à 2 inconnues peuvent toujours être ramenées à la forme

$$(1) \qquad ax + by = c$$

$$(2) \qquad a'x + b'y = c',$$

les quantités a, b, c, a', b', c' représentant des valeurs connues positives ou négatives, ou même nulles.

Tirons la valeur de x de chacune de ces équations

$$(3) \qquad x = \frac{c-by}{a} \qquad\qquad (4) \qquad x = \frac{c'-b'y}{a'}.$$

Égalons ces deux valeurs de x

$$\frac{c-by}{a} = \frac{c'-b'y}{a'}$$

$$a'c - ba'y = ac' - ab'y$$

$$ab'y - aby = ac' - a'c$$

$$(5) \qquad y = \frac{ac'-ca'}{ab'-ba'}.$$

Cette valeur mise à la place de y dans l'équation (3) donne

$$x = \frac{c}{a} - \frac{b}{a}\left(\frac{ac'-ca'}{ab'-ba'}\right);$$

multiplions et divisons $\frac{c}{a}$ par $ab'-ba'$ afin de réduire ce terme au même dénominateur que le suivant.

$$x = \frac{ab'c - ba'c - b(ac'-ca')}{a(ab'-ba')}$$

chassons la parenthèse et simplifions :

$$(6) \qquad x = \frac{cb'-bc'}{ab'-ba'}.$$

En examinant les formules (5) et (6) on voit que pour former le dénominateur qui est le même dans les deux cas, on permute les deux lettres a et b et on obtient ab, ba ; on met le signe moins entre les deux termes et on accentue les dernières lettres de chaque terme. Pour former le numérateur de x, on remplace, dans le dénominateur, a et a', coefficients de x par c et c' quantités connues.

Pour former le numérateur de y, on remplace dans le dénominateur b et b', coefficients de y, par c et c', quantités connues.

Faisons une application de ces formules.

I. On a du blé de deux qualités ; quand on mêle 4 mesures de la première et 2 de la seconde la mesure vaut 22 fr. et quand on mêle 2 mesures de la première et 4 de la seconde la mesure vaut 20 fr. trouver le prix de ces deux qualités de blé.

Soient x le prix de la 1ʳᵉ qualité et y celui de la 2ᵉ

$$4x + 2y = 6 \times 22 \text{ ou } 132.$$

$$2x + 4y = 6 \times 20 \text{ ou } 120.$$

Si nous appliquons les formules générales il faut remplacer dans ces formules a par 4, b par 2, c par 132, a' par 2, b' par 4, c' par 120, on trouve :

$$x = \frac{132 \times 4 - 2 \times 120}{4 \times 4 - 2 \times 2} = 24 \text{ francs}.$$

$$y = \frac{4 \times 120 - 132 \times 2}{4 \times 4 - 2 \times 2} = 18 \text{ francs}.$$

II. Trouver une fraction telle que si on ajoute 10 à son numérateur et 6 à son dénominateur sa valeur devienne égale à 1 et que si on retranche 6 à son numérateur et qu'on ajoute 10 à son dénominateur sa valeur devienne $\frac{1}{5}$.

Appelons x et y le numérateur et le dénominateur, on aura :

$$\frac{x+10}{y+6} = 1. \qquad \text{et} \qquad \frac{x-6}{y+10} = \frac{1}{5}.$$

Faisons disparaître les dénominateurs et simplifions :

$$x - y = -4$$
$$5x - y = 40$$

Sous cette forme, nous pouvons appliquer les formules générales. En remplaçant dans ces formules a par 1, b par -1, c par -4, a' par 5, b' par -1 et c' par 40, on trouve :

$$x = \frac{-4(-1) - (-1)40}{1(-1) - (-1)5} = 11$$

$$y = \frac{1 \times 40 - (-4)5}{1(-1) - (-1)5} = 15$$

La fraction est donc $\frac{11}{15}$.

Remarque. Les exercices qui précèdent, le second surtout, montrent que l'emploi de la formule générale ne conduit pas plus rapidement à la solution d'un problème que la résolution directe des équations.

Exercices.

Résoudre les équations suivantes

1° $\qquad 5x + 12 = 15x - 8$

2° $\qquad \dfrac{x}{2} - 6 = x - \dfrac{3x}{5}.$

Résoudre les équations :

$3^o \quad \dfrac{x-1}{x+1} + \dfrac{x+1}{x-1} = \dfrac{10}{3}$

$4 \quad \dfrac{2b}{a+b} - \dfrac{x}{b-x} = 1$

$5^o \quad \begin{cases} 9y - 8x = 1 \\ 12x + 3y = 4 \end{cases}$

$6^o \quad \begin{cases} \dfrac{x}{5} + \dfrac{3y}{4} = 36 \\ \dfrac{5y}{2} - \dfrac{2x}{3} = 80 \end{cases}$

$7^o \quad \begin{cases} \dfrac{x}{p} + \dfrac{v}{q} = 1 \\ \dfrac{x}{q} + \dfrac{v}{p} = -1 \end{cases}$

$8^o \quad \begin{cases} \dfrac{1}{x} + \dfrac{1}{y} + \dfrac{1}{z} = \dfrac{29}{2} \\ 15y - 8z = 2 \\ \dfrac{x}{y} = \dfrac{10}{3} \end{cases}$

9° Trouver 2 nombres dont la différence soit 30 et qui soient entre eux comme 3 est à 5.

10° Le quotient de 2 nombres est 4 et le reste de leur division 60 : trouver ces 2 nombres sachant que leur différence est 495.

11 Un marchand a du vin à 50 centim. il y verse de l'eau de telle sorte que 75 lit. de mélange ne valent plus que 33^f.75. Dire la quantité d'eau contenue dans 1 lit. de ce mélange.

12 Une marchande d'œufs vend d'abord les 2/3 de son panier plus les 2/3 d'un œuf ; elle vend ensuite les 3/4 de son panier plus les 3/4 d'un œuf, alors elle a encore 2 œufs. Combien en contenait son panier ?

13 Un nombre est composé de 2 chiffres dont la somme des valeurs absolues est 11 ; quand on le renverse on obtient un second nombre qui vaut 2 fois le 1er moins 20. Quel est le premier nomb.?

14 Dans un triangle de 80 mèt. de base et de 60 de hauteur, inscrire un rectangle semblable à un autre dont les dimensions sont 20 mèt. et 30 mèt.

15 3 joueurs conviennent que celui qui perdra doublera l'argent des deux autres ; ils jouent 3 parties, en perdant chacun une et se retirent chacun avec 8 fr. Combien avaient-ils en commençant ?

TROISIEME PARTIE
Equations du second degré.

Des radicaux du second degré.

72. Le carré ou deuxième puissance d'une quantité est le produit qu'on obtient en multipliant cette quantité par elle-même.

Le carré de $2ab^2$ est $2ab^2 \times 2ab^2$ ou $4a^2b^4$

Celui de $a+b$ est $(a+b)(a+b)$ ou $a^2+2ab+b^2$

On voit par ces exemples

1° Que le carré d'un produit, $2ab^2$, s'obtient en élevant au carré chacun de ses facteurs, car 4 est le carré de 2, a^2 est celui de a et b^4 celui de b^2.

2° Que le carré d'un monome, $2ab^2$, s'obtient en élevant au carré son coefficient et en doublant les exposants de toutes ses lettres.

3° Que le carré d'un binome, $a+b$, est un trinome.

En général, la m^{me} puissance d'une quantité est le produit de m facteurs égaux à cette quantité.

On obtient le carré d'une fraction en élevant au carré ses deux termes.

Le carré de $\dfrac{3a}{2b^2}$ est $\dfrac{9a^2}{4b^4}$,

cela résulte de la règle de la multiplication des fractions.

73. La racine carrée d'une quantité est une autre quantité qui, multipliée par elle-même, reproduit la première.

La racine carrée de $4a^2b^4$ est $2ab^2$, car cette dernière quantité multipliée par elle-même donne $4a^2b^4$.

Remarque I. Par convention, la racine carrée d'une quantité quelconque a est représentée par $\sqrt{a}$; le signe $\sqrt{}$ se nomme radical du second degré. Il s'ensuit que le carré de $\sqrt{a}$ est a.

Ainsi le carré d'une quantité affectée d'un radical

du second degré s'obtient en supprimant le radical.

Remarque II. Si dans une expression telle que $\sqrt{b}$, on donne à b une valeur positive quelconque, 2 par exemple, la racine carrée de 2, ou $1,41421\ldots$ est la valeur arithmétique du radical.

74. On extrait la racine carrée d'un produit en prenant la racine carrée de chacun de ses facteurs.

La racine carrée de abc est $\sqrt{a}\,\sqrt{b}\,\sqrt{c}$, ou $\sqrt{abc}$. En effet, les quantités $\sqrt{a}\,\sqrt{b}\,\sqrt{c}$ et $\sqrt{abc}$ élevées au carré d'après le principe du (N° 73) donnent abc.

On obtient la racine carrée d'une fraction en prenant la racine carrée de chacun de ses termes.

La fraction $\frac{a}{b}$ a pour racine carrée $\frac{\sqrt{a}}{\sqrt{b}}$ ou $\sqrt{\frac{a}{b}}$, car ces deux expressions élevées au carré donnent l'une et l'autre $\frac{a}{b}$.

75. Un monome positif est carré parfait si son coefficient est un carré et si tous ses exposants sont pairs.

Le monome $25\,a^4 b^6 c^2$ est un carré parfait ; en extrayant la racine carrée des facteurs 25, a^4, b^6, c^2, on trouve pour résultat $5a^2 b^3 c$.

Le carré d'un monome étant un monome et le carré d'un binome, un trinome, on en conclut qu'un binome n'est jamais un carré parfait.

76. Pour faire sortir du radical un facteur carré parfait, il faut extraire la racine carrée de ce facteur et écrire cette racine devant le radical.

Soit l'expression $\sqrt{a^2 b}$.

on a : $\qquad \sqrt{a^2 b} = a\sqrt{b}$.

car la racine carrée du produit $a^2 b$ est $\sqrt{a^2}\,\sqrt{b}$ ou $a\sqrt{b}$.

De même l'expression $\sqrt{c(a-b)^2}$,

peut s'écrire $\qquad (a-b)\sqrt{c}$

Pour faire passer un facteur sous un radical, il faut multiplier par le carré de ce facteur la quantité soumise au radical.

Ainsi $a\sqrt{b}$ est la même chose que $\sqrt{a^2 b}$;

et $(a+b)\sqrt{c}$ la même chose que $\sqrt{(a+b)^2 c}$

77. On peut souvent simplifier un radical ; il suffit pour cela de faire sortir tous les facteurs carrés qu'il renferme.

$$\sqrt{5a^2b^4c^2} \qquad \text{devient} \qquad ab^2c\sqrt{5}$$

$$\sqrt{8a^2b^3} \qquad \text{devient} \qquad \sqrt{4.2\,a^2b^2b} \qquad \text{ou} \qquad 2ab\sqrt{2b}$$

$$\sqrt{18a^4b^2-9a^2b^4} \qquad \text{devient} \qquad \sqrt{9.2\,a^2a^2b^2b-9a^2b^4}$$

$$\text{ou} \qquad \sqrt{9a^2b^4(2a^2b-1)} \qquad \text{ou} \qquad 3ab^2\sqrt{2a^2b-1}$$

78. Deux radicaux sont semblables lorsqu'ils ne diffèrent que par leurs signes et leurs coefficients ; tels sont

$$6\sqrt{a} \quad -4\sqrt{a} \quad +\sqrt{a}.$$

Ces radicaux étant semblables, on peut les réduire en un seul et écrire : $6\sqrt{a} - 4\sqrt{a} + \sqrt{a} = 3\sqrt{a}$.

Dans certains cas, on ne s'aperçoit que les radicaux sont semblables que lorsqu'on les a simplifiés.

Ainsi les radicaux

$$3\sqrt{48} \qquad \text{et} \qquad \sqrt{27}$$

deviennent

$$3\sqrt{16.3} \qquad \text{et} \qquad \sqrt{9.3}$$

ou

$$12\sqrt{3} \qquad \text{et} \qquad 3\sqrt{3}.$$

Ils sont donc semblables.

79. Un radical du second degré a deux valeurs égales et de signes contraires et il n'en a que deux.

1° Soit $\qquad x = \sqrt{4}$

x a une valeur telle que son carré est 4 ; mais les nombres $+2$ et -2 élevés au carré donnent $+4$,

On écrira donc $\qquad x = \sqrt{4} = \pm 2$

En général la racine carrée d'une quantité quelconque A est $\qquad \pm\sqrt{A}$

2° Soit le radical $\sqrt{m^2}$, dans lequel m^2 est une quantité positive.

En appelant x la valeur de ce radical, on aura :

$$x = \sqrt{m^2}$$

Élevons les deux membres au carré, il vient

$$x^2 = m^2 \qquad \text{ou} \quad x^2-m^2 = 0$$

x^2-m^2 étant la différence de deux carrés, on peut écrire :

$$(x-m)(x+m) = 0$$

or, pour qu'un produit soit nul, il suffit qu'un de ses facteurs le soit : On aura donc :

$$x - m = 0, \quad \text{d'où} \quad x = m$$
$$\text{ou} \quad x + m = 0, \quad \text{d'où} \quad x = -m.$$

Comme il n'y a pas un troisième moyen d'annuler le produit $(x-m)(x+m)$, il s'ensuit qu'un radical du second degré n'a que deux valeurs, lesquelles sont égales et de signes contraires.

On peut conclure delà que deux quantités de même signe qui ont même carré sont égales.

Calcul des radicaux.

80. Les règles que nous avons données pour le calcul des quantités algébriques s'appliquent aux radicaux.

Ainsi les radicaux

$$5\sqrt{b}, \quad -3\sqrt{2} + 2\sqrt{b} \quad \text{et} \quad 5\sqrt{2} - \sqrt{b}$$

étant ajoutés deviennent

$$5\sqrt{b} - 3\sqrt{2} + 2\sqrt{b} + 5\sqrt{2} - \sqrt{b},$$

et, après avoir fait la réduction,

$$6\sqrt{b} + 2\sqrt{2}$$

Si l'on retranche $5\sqrt{2} - \sqrt{b}$ de $3\sqrt{2} + 2\sqrt{b} + \sqrt{2}$ on trouve

$$3\sqrt{2} + 2\sqrt{b} + \sqrt{2} - 5\sqrt{2} + \sqrt{b}$$

et, après réduction,

$$-\sqrt{2} + 3\sqrt{b}$$

Le produit de $\sqrt{b}$ par $\sqrt{c}$ sera $\sqrt{bc}$, car les expressions $\sqrt{b} \times \sqrt{c}$ et $\sqrt{bc}$ élevées au carré donnent l'une et l'autre bc.

Le quotient de $\sqrt{b}$ par $\sqrt{c}$ sera $\sqrt{\dfrac{b}{c}}$, car les expressions $\dfrac{\sqrt{b}}{\sqrt{c}}$ et $\sqrt{\dfrac{b}{c}}$ élevées au carré, donnent également $\dfrac{b}{c}$.

81. Soit à calculer la valeur de $\dfrac{3}{\sqrt{2}}$

Il faut diviser 3 par $1,41421\ldots$, opération assez longue et donnant un résultat d'autant moins satisfaisant que le diviseur n'est qu'un nombre approché.

Mais si l'on multiplie les deux termes de la fraction $\frac{3}{\sqrt{2}}$ par $\sqrt{2}$, la valeur de la fraction n'aura pas changé et le diviseur sera exact.

On peut donc écrire :

$$\frac{3}{\sqrt{2}} = \frac{3\sqrt{2}}{\sqrt{2} \cdot \sqrt{2}} \quad ou \quad \frac{3\sqrt{2}}{2}$$

et le quotient demandé sera la moitié de $3 \times 1.41421\ldots$ résultat facile à trouver.

Cet exemple montre qu'il est souvent utile de rendre rationnel le dénominateur d'une fraction irrationnelle.

Soit une expression de la forme

$$\frac{a}{2-\sqrt{2}}.$$

Pour la rendre rationnelle, on multiplie le numérateur et le dénominateur par $2+\sqrt{2}$, et on a :

$$\frac{a(2+\sqrt{2})}{(2-\sqrt{2})(2+\sqrt{2})} \quad ou \quad \frac{a(2+\sqrt{2})}{2}$$

Soit encore l'expression $\frac{3a}{\sqrt{5}+2}$.

On multiplie le numérateur et le dénominateur par $\sqrt{5}-2$, et on a :

$$\frac{3a(\sqrt{5}-2)}{(\sqrt{5}+2)(\sqrt{5}-2)} \quad ou \quad \frac{3a(\sqrt{5}-2)}{1} \quad ou \quad 3a(\sqrt{5}-2).$$

Soit enfin l'expression

$$\frac{\sqrt{3}-\sqrt{2}}{2(\sqrt{3}+\sqrt{2})}$$

On multiplie le numérateur et le dénominateur par $\sqrt{3}-\sqrt{2}$ et il vient :

$$\frac{(\sqrt{3}-\sqrt{2})(\sqrt{3}-\sqrt{2})}{2(\sqrt{3}+\sqrt{2})(\sqrt{3}-\sqrt{2})} \quad ou \quad \frac{(\sqrt{3}-\sqrt{2})^2}{2} \quad ou \quad \frac{5-2\sqrt{6}}{2}.$$

82. Un nombre positif, entier ou fractionnaire a toujours une racine carrée que l'on trouve exactement ou avec telle approximation que l'on veut ; mais un nombre négatif n'a pas de racine carrée, car il n'existe pas de quantité qui, multipliée par elle-même, donne un résultat négatif.

Une expression telle que $\sqrt{-9}$, qui n'a pas de racine carrée, s'appelle quantité imaginaire par opposition aux autres quantités qui sont dites réelles.

Toute quantité imaginaire peut être représentée par un symbole de la forme $a\sqrt{-1}$, a étant réel.

Soit par exemple $\sqrt{-9}$

On peut écrire :

$$\sqrt{-9} = \sqrt{9 \times (-1)} = 3\sqrt{-1}$$

Soit encore l'expression $\sqrt{3}$

On peut écrire :

$$\sqrt{-3} = \sqrt{3 \times (-1)} = 1,7320\,5\sqrt{-1}.$$

83. Remarques. I. Lorsque les 2 membres d'une égalité sont composés chacun d'une partie entière et d'une fraction, il faut nécessairement que les parties entières soient égales entre elles et que les fractions soient aussi égales entre elles.

Soit l'égalité

$$A + F = B + F'$$

dans laquelle A et B représentent des nombres entiers, F et F' des fractions. On peut écrire en transposant les termes :

$$A - B = F' - F$$

A et B étant entiers, leur différence, si elle n'est pas nulle, sera un nombre entier ; F' et F étant des fractions, leur différence, si elle n'est pas nulle, sera encore une fraction, et on arriverait à cette conséquence absurde qu'un nombre entier égale une fraction. Donc il faut que $A = B$ et que $F' = F$.

II. Lorsque les deux membres d'une égalité sont composés l'un d'une quantité réelle b, l'autre d'une quantité imaginaire de la forme $a\sqrt{-1}$, il faut que l'on ait $b = 0$ et $a = 0$.

En effet si a et b n'étaient pas nuls, il faudrait conclure qu'une quantité réelle b, égale une quantité imaginaire $a\sqrt{-1}$, ce qui est absurde.

III. Lorsque les deux membres d'une égalité sont formés chacun d'une partie rationnelle et d'une partie ir-rationnelle, il faut que les parties rationnelles soient égales entre elles et que les parties irrationnelles soient aussi égales entre elles.

Soit l'égalité $\qquad a + \sqrt{m} = b + \sqrt{n}$.

dans laquelle a, b, m et n représentent des quantités connues, m et n n'étant pas des carrés parfaits.

On peut écrire, en transposant :
$$\sqrt{m} = b - a + \sqrt{n}$$

Élevons les deux membres au carré
$$m = (b-a)^2 + n + 2(b-a)\sqrt{n} \qquad (1)$$

Or, le premier membre étant rationnel, il faut que le second membre le soit aussi ; et il ne le sera qu'autant que le terme irrationnel $2(b-a)\sqrt{n}$ vaudra zéro, ce qui n'a lieu que pour $b = a$;

L'égalité (1) se réduit alors à $m = n$.

Résolution de l'équation du second degré à une inconnue

84. L'équation du second degré renferme l'inconnue à la deuxième puissance.

L'équation est complète si elle contient la seconde et la première puissance de l'inconnue ; elle est incomplète si elle ne renferme que la seconde puissance de l'inconnue.

$$5x^2 - 3x = 15, \qquad \text{est une équation complète.}$$
$$3x^2 = 75, \qquad \text{est une équation incomplète.}$$

85. Considérons l'équation
$$x^2 + 8x = 48$$

Si nous ajoutons aux 2 membres le nombre 16, carré de $\frac{8}{2}$, l'égalité ne change pas, et on a :
$$x^2 + 8x + 16 = 48 + 16$$

Prenons la racine carrée des deux membres en remarquant que le premier est le carré de $x + 4$, il vient :
$$x + 4 = \pm\sqrt{64} \quad \text{ou } 8$$
$$x = -4 \pm 8$$
d'où $\qquad x = 4$ et -12.

Soit encore l'équation : $\qquad 2x^2 - 2 = 3x$, qu'on peut écrire : $\qquad 2x^2 - 3x = 2$

divisons tous les termes par 2
$$x^2 - \frac{3x}{2} = 1$$
ajoutons aux deux membres $+\frac{9}{16}$, carré de la moitié de $-\frac{3}{2}$

$$x^2 - \frac{3x}{2} + \frac{9}{16} = 1 + \frac{9}{16} \quad \text{ou} \quad \frac{25}{16}$$

Prenons la racine carrée des deux membres, en remarquant que le premier est le carré de $x - \frac{3}{4}$

$$x - \frac{3}{4} = \pm\sqrt{\frac{25}{16}} \quad \text{ou} \quad \frac{5}{4}$$

$$x = \frac{3}{4} \pm \frac{5}{4}$$

d'où $\qquad\qquad x = 2$ et $-\frac{1}{2}$.

On voit par ces exemples que pour résoudre une équation complète du second degré à une inconnue, il faut faire passer les termes connus dans le second membre, rendre le premier membre carré parfait en ajoutant de part et d'autre le carré de la moitié du coefficient de x, prendre la racine carrée des deux membres et isoler l'inconnue.

86. En général l'équation complète du second degré à une inconnue peut toujours être ramenée à la forme
$$ax^2 + bx + c = 0,$$
dans laquelle a, b, c représentent des quantités connues, monomes ou polynomes, positives ou négatives, $\underline{a}$ étant d'ailleurs positif, ce qu'on peut toujours obtenir.

Divisons tous les termes par a

$$x^2 + \frac{b}{a}x + \frac{c}{a} = 0$$

représentons $\frac{b}{a}$ par p et $\frac{c}{a}$ par q, l'équation devient :

$$x^2 + px + q = 0.$$

C'est sous cette forme qu'on étudie ordinairement l'équation du second degré.

Faisons passer le terme q dans le second membre,
$$x^2 + px = -q.$$

On peut alors regarder le premier membre, x^2+px, comme faisant partie du carré d'un binome, x^2 étant le carré du premier terme et px 2 fois le produit du second terme par le premier.

Si x^2 est le carré du premier terme, x sera ce premier terme ; et si px égale deux fois le second terme par le premier x, ce second terme sera $\frac{p}{2}$.

En ajoutant aux deux membres de l'équation, $\frac{p^2}{4}$, carré de $\frac{p}{2}$, l'égalité ne sera pas troublée et on aura

$$x^2 + px + \frac{p^2}{4} = \frac{p^2}{4} - q.$$

Prenons la racine carrée des deux membres, en remarquant que le 1er est le carré de $x + \frac{p}{2}$, et que le second n'est pas un carré parfait ($n°75$), il vient :

$$x + \frac{p}{2} = \pm \sqrt{\frac{p^2}{4} - q}$$

d'où
$$x = -\frac{p}{2} \pm \sqrt{\frac{p^2}{4} - q} \qquad (1)$$

87.   On voit que les racines de l'équation du second degré ramenée à la forme $x^2 + px + q = 0$, égalent la moitié du coefficient de x pris en signe contraire, plus ou moins la racine carrée du carré de cette moitié diminué de la quantité connue :

Si nous appelons x' et x'' chacune des deux racines, x' étant plus grande que x'', on a :

$$x' = -\frac{p}{2} + \sqrt{\frac{p^2}{4} - q}$$

$$x'' = -\frac{p}{2} - \sqrt{\frac{p^2}{4} - q}$$

Dans la formule (1) si nous remplaçons p par $\frac{b}{a}$ et q par $\frac{c}{a}$, il vient :

$$x = -\frac{b}{2a} \pm \sqrt{\frac{b^2}{4a^2} - \frac{c}{a}}$$

ou, en réduisant au même dénominateur et simplifiant :

$$x = \frac{-b \pm \sqrt{b^2 - 4ac}}{2a} . \qquad (2)$$

Appliquons les formules trouvées à la résolution des équations suivantes :

I $x^2 - 14x + 48 = 0$

La formule (1) donne
$$x = 7 \pm \sqrt{49 - 48}.$$

80.

$$x = 7 \pm 1$$

d'où $\qquad x' = 8 \quad$ et $\quad x'' = 6.$

II. $\qquad\qquad x^2 + 16x + 62 = 0.$

La formule (1) donne :
$$x = -8 \pm \sqrt{64 - 62}.$$
$$x = -8 \pm \sqrt{2}$$

d'où $\qquad x' = -6,586\ldots \quad x'' = -9,414\ldots$

III. $\qquad\qquad x^2 - 7x + 10 = 0.$

La formule (1) donne :
$$x = \frac{7}{2} \pm \sqrt{\frac{49}{4} - 10}$$

réduisons 10 en quarts
$$x = \frac{7}{2} \pm \sqrt{\frac{49 - 40}{4}}$$

d'où $\qquad x' = \frac{7}{2} + \frac{3}{2} \qquad$ ou $\quad 5$
$$x'' = \frac{7}{2} - \frac{3}{2} \qquad \text{ou} \quad 2$$

IV $\qquad\qquad x^2 - x - 20 = 0.$

La formule (1) donne :
$$x = \frac{1}{2} \pm \sqrt{\frac{1}{4} + 20}$$

réduisons 20 en quarts :
$$x = \frac{1}{2} \pm \sqrt{\frac{1 + 80}{4}}$$

d'où $\qquad x' = \frac{1}{2} + \frac{9}{2} \qquad$ ou $\quad 5$
$$x'' = \frac{1}{2} - \frac{9}{2} \qquad \text{ou} \quad -4.$$

V. $\qquad\qquad 8x^2 - 2x - 3 = 0.$

divisons tous les termes par 8.
$$x^2 - \frac{2x}{8} - \frac{3}{8} = 0$$

La formule (1) donne alors
$$x = \frac{1}{8} \pm \sqrt{\frac{1}{64} + \frac{3}{8}}$$

réduisons $\frac{3}{8}$ en soixante quatrièmes
$$x = \frac{1}{8} \pm \sqrt{\frac{1 + 24}{64}}$$

d'où $\qquad x' = \frac{3}{4} \quad$ et $\quad x'' = -\frac{1}{2}$

La formule (2) aurait donné immédiatement :
$$x = \frac{2 \pm \sqrt{4 + 96}}{16}$$

d'où $\qquad x' = \frac{3}{4} \quad$ et $\quad x'' = -\frac{1}{2}.$

88 Remarque. I. Si l'équation générale du second degré à une inconnue ne contient pas la première puissance de x, elle se présente sous la forme

$$x^2 + q = 0$$

d'où

$$x = \pm \sqrt{-q}.$$

Alors si q est négatif, $-q$ sera positif et l'équation a ses deux racines réelles et égales ; si q est positif, $-q$ sera négatif et les deux racines sont imaginaires.

Exemple. 1° Quel est le nombre dont la moitié multipliée par les trois quarts donne, 150.

On a

$$\frac{x}{2} \times \frac{3x}{4} = 150$$

$$\frac{3x^2}{8} = 150$$

$$3x^2 = 1200$$

$$x^2 = 400$$

d'où

$$x = \pm \sqrt{400} = \pm 20$$

Les deux racines sont réelles, égales & de signes contraires.

2° Quel est le nombre dont les deux tiers multipliés par le quart donnent -1.

On a :

$$\frac{2x}{3} \times \frac{x}{4} = -1$$

$$2x^2 = -12.$$

$$x^2 = -6$$

d'où

$$x = \pm \sqrt{-6}$$

Les racines sont imaginaires et le problème est impossible.

89. Remarque. II. Si l'équation du second degré ne contient pas le terme connu q, elle se présente sous la forme.

$$x^2 + px = 0$$

La formule (1) du N° 86 donne dans ce cas :

$$x = -\frac{p}{2} \pm \sqrt{\frac{p^2}{4}}$$

d'où

$$x' = -\frac{p}{2} + \frac{p}{2} \quad ou \quad 0$$

$$x' = -\frac{p}{2} - \frac{p}{2} \quad ou \quad -p$$

On voit qu'une des racines est zéro et que l'autre égale le coefficient de x, pris en signe contraire.

Exemple. Quel est le nombre qui vaut le douzième partie de son carré.

On a :

$$x = \frac{x^2}{12}$$

ou
$$x^2 - 12x = 0$$
$$x = 6 \pm \sqrt{36}$$

d'où $\quad x' = 12 \quad$ et $\quad x'' = 0$

Si dans cette équation $x^2 - 12x = 0$, on met x en facteur commun, il vient :

$$x(x - 12) = 0$$

Or pour qu'un produit soit nul, il faut qu'un des facteurs soit nul ; égalant à zéro chacun des facteurs x et $x-12$ on trouve comme ci-dessus :

$$x = 0, \text{ et } x = 12.$$

Discussion de l'équation du 2me degré à une inconnue.

90. L'équation du second degré étant ramenée à la forme
$$x^2 + px + q = 0,$$

On a (N° 86)
$$x = -\frac{p}{2} \pm \sqrt{\frac{p^2}{4} - q}.$$

Il y a plusieurs cas à considérer.

1° Supposons qu'on ait $\frac{p^2}{4} - q > 0$.

Alors l'équation a deux racines réelles et inégales, car la racine carrée de la quantité positive $\frac{p^2}{4} - q$ ajoutée à $-\frac{p}{2}$ en donne une première ; et cette même racine, retranchée de $-\frac{p}{2}$, en donne une seconde.

Mais, bien que $\frac{p^2}{4} - q$ soit plus grand que zéro, on peut encore avoir.

$$q > 0 \quad , \quad q < 0 \quad \text{et} \quad q = 0$$

Si q est plus grand que zéro, ou positif, $-q$ sera négatif ; par suite la racine carrée de $\frac{p^2}{4} - q$ sera plus petite en valeur absolue que $-\frac{p}{2}$, et cette racine, ajoutée à $-\frac{p}{2}$ ou retranchée de $-\frac{p}{2}$ ne change pas le signe de cette quantité.

Les deux réponses sont donc de même signe, c'est-à-dire d'un signe contraire à celui du coefficient de x.

Si q est plus petit que zéro, ou négatif, $-q$ sera positif ; par suite la racine carrée de $\frac{p^2}{4} - q$ sera plus grande que $-\frac{p}{2}$, et cette racine ajoutée à $-\frac{p}{2}$ change le signe de cette quantité, tandis que retranchée de $-\frac{p}{2}$ elle n'en change par le signe. Les deux réponses sont donc de signes contraires, et la plus grande en valeur absolue a un signe différent de celui du coefficient de x dans l'équation $x^2 + px + q = 0$.

Si q égale zéro, la racine carrée de $\frac{p^2}{4} - q$ est $\frac{p}{2}$; cette racine ajoutée à $-\frac{p}{2}$ donne zéro, et retranchée de $-\frac{p}{2}$ elle donne $-\frac{2p}{2}$ ou $-p$. Une des réponses est nulle, l'autre égale le coefficient de x pris en signe contraire. C'est le cas étudié au n° 89.

Remarque. Puisqu'on a $\frac{p^2}{4} - q > 0$, on peut poser (n° 48):
$$\frac{p^2}{4} - q = k^2$$
d'où
$$q = \frac{p^2}{4} - k^2.$$

Si dans l'équation
$$x^2 + px + q = 0,$$
nous remplaçons q par $\frac{p^2}{4} - k^2$, il vient:
$$x^2 + px + q = x^2 + px + \frac{p^2}{4} - k^2 = 0$$
ou
$$x^2 + px + q = \left(x + \frac{p}{2}\right)^2 - k^2 = 0$$

Donc, quand les racines d'une équation du second degré égalée à zéro sont réelles et inégales, le premier membre de cette équation peut être considéré comme étant la différence de deux carrés.

2° Supposons $\frac{p^2}{4} - q = 0$

Alors on a:
$$x' = -\frac{p}{2} + 0 \quad\text{ou}\quad -\frac{p}{2}$$
$$x'' = -\frac{p}{2} - 0 \quad\text{ou}\quad -\frac{p}{2}$$

et les racines sont réelles et égales; chacune d'elles vaut la moitié du coefficient de x pris en signe contraire.

En réalité, on ne trouve qu'une seule valeur qui puisse vérifier l'équation; néanmoins on dit qu'il y a deux racines, car si $\frac{p^2}{4} - q$ est très petit, les deux racines diffèrent peu l'une de l'autre; et elles diffèrent d'autant moins que $\frac{p^2}{4} - q$ devient plus petit; aussi, lorsque cette quantité est nulle dit-on que les deux racines sont égales.

Remarque. Puisque $\frac{p^2}{4} - q = 0$, on a $q = \frac{p^2}{4}$.
Si dans l'équation $x^2 + px + q = 0$.
on remplace q par sa valeur, il vient:

$$x^2 + px + q = x^2 + px + \frac{p^2}{4} = 0$$

ou $\qquad x^2 + px + q = \left(x + \frac{p}{2}\right)^2 = 0$

Donc quand les racines d'une équation du second degré égalée à zéro sont réelles et égales, le premier membre de l'équation est un carré parfait et peut s'écrire :

$$\left(x + \frac{p}{2}\right)\left(x + \frac{p}{2}\right) = 0,$$

chaque facteur égalé à zéro donne $x = -\frac{p}{2}$, ce qui montre pourquoi on peut dire que l'équation a deux racines égales.

3° Supposons $\frac{p^2}{4} - q < 0$.

La quantité placée sous le radical étant négative, les racines sont imaginaires et il n'y a pas de solution.

Ainsi tout problème qui fournit une équation dont les racines sont imaginaires est impossible.

Remarque, I. La condition $\frac{p^2}{4} - q < 0$, ou $\frac{p^2}{4} < q$, montre qu'une équation a ses racines imaginaires lorsque le terme connu est plus grand que le carré de la moitié du coefficient de x.

Remarque, II. Puisqu'on a $\frac{p^2}{4} - q < 0$,

on peut poser $\qquad \frac{p^2}{4} - q = -K^2 \qquad (n°. 48)$

d'où $\qquad q = \frac{p^2}{4} + k^2$

Si dans l'équation

$$x^2 + px + q = 0 ,$$

on remplace q par $\frac{p^2}{4} + k^2$, on trouve :

$$x^2 + px + q = x^2 + px + \frac{p^2}{4} + K^2 = 0$$

ou $\qquad x^2 + px + q = \left(x + \frac{p}{2}\right)^2 + k^2 = 0$

Donc, lorsque les racines d'une équation du second degré égalée à zéro sont imaginaires, le premier membre peut être considéré comme étant la somme de deux carrés.

Propriétés des racines de l'équation du 2.ᵉ degré.

91. Nous savons que les racines de l'équation

$$x^2 + px + q = 0$$

sont $\qquad x' = -\frac{p}{2} + \sqrt{\frac{p^2}{4} - q}$

$$x'' = -\frac{p}{2} - \sqrt{\frac{p^2}{4} - q}$$

Additionnons les deux racines, on trouve :

$$x' + x'' = -\frac{2p}{2} \quad \text{ou} \; -p.$$

Ainsi la somme des deux racines égale le coefficient de x pris en signe contraire.

Faisons le produit des deux racines x' et x'', en remarquant qu'on a à multiplier la somme de deux quantités par leur différence ; on a donc

$$x'x'' = \frac{p^2}{4} - \left(\frac{p^2}{4} - q\right) = \frac{p^2}{4} - \frac{p^2}{4} + q = q.$$

Ainsi le produit des deux racines égale le terme connu.

92. Ces propriétés des racines nous permettent de former une équation du second degré ayant pour réponses deux valeurs données.

Exemple, 1° Soit à former une équation qui ait pour racines 4 et 10.

On a
$$x' + x'' = 14 = -p \; ; \quad \text{d'où} \quad p = -14$$
$$x'x'' = 40 = q.$$

l'équation sera :
$$x^2 - 14x + 40 = 0.$$

2° Soit encore à former une équation qui ait pour racines -6 et $+2$.

On a :
$$x' + x'' = -4 \quad \text{et} \quad x'x'' = -12$$
et l'équation sera
$$x^2 + 4x - 12 = 0.$$

Ces mêmes propriétés des racines nous permettent encore de déterminer de quelle nature sont les réponses d'une équation du second degré, sans résoudre l'équation.

1° Soit
$$x^2 - 9x + 18 = 0$$
$+18$ étant plus petit que le carré de $\frac{9}{2}$, les racines sont réelles (N° 90. 3°) ; de plus, elles ont même signe puisque leur produit 18 est positif ; enfin elles sont positives, car -9 est leur somme prise en signe contraire.

2° Soit encore :
$$x^2 + 18x + 72 = 0.$$
$+72$ étant plus petit que le carré de $\frac{18}{2}$, les racines sont réelles ; de plus, elles ont même signe puisque leur produit 72 est positif ; enfin elles sont négatives, car $+18$ est leur somme

prise en signe contraire.

Soit enfin $\qquad x^2 - 7x - 8 = 0$.

-8 étant plus petit que le carré de $-\frac{7}{2}$, les racines sont réelles ; de plus, elles sont de signes contraires puisque leur produit -8 est négatif ; enfin, la plus grande en valeur absolue est positive, car -7 est leur somme changée de signe.

Propriétés du trinome du second degré.

93. Considérons un trinome du second degré de la forme
$$x^2 + px + q$$

On peut ajouter et retrancher $\frac{p^2}{4}$ à ce trinome et écrire l'identité

$$x^2 + px + q = x^2 + px + \frac{p^2}{4} - \frac{p^2}{4} + q$$

ou bien

$$x^2 + px + q = \left(x + \frac{p}{2}\right)^2 - \left(\frac{p^2}{4} - q\right) ;$$

prenons la racine carrée de la quantité $\left(\frac{p^2}{4} - q\right)$ et indiquons en même temps qu'il faut élever cette racine à la deuxième puissance, on aura :

$$x^2 + px + q = \left(x + \frac{p}{2}\right)^2 - \left(\sqrt{\frac{p^2}{4} - q}\right)^2$$

Sous cette forme, on voit que le second membre de l'identité est la différence de deux carrés ; on peut donc écrire (N° 28).

$$x^2 + px + q = \left(x + \frac{p}{2} - \sqrt{\frac{p^2}{4} - q}\right)\left(x + \frac{p}{2} + \sqrt{\frac{p^2}{4} - q}\right) \qquad (1)$$

Les racines du trinome proposé $x^2 + px + q$ égalé à zéro sont :
$$x' = -\frac{p}{2} + \sqrt{\frac{p^2}{4} - q}$$
$$x'' = -\frac{p}{2} - \sqrt{\frac{p^2}{4} - q}$$

Si de x nous retranchons successivement chacune des deux racines, il vient :

$$x - x' = x + \frac{p}{2} - \sqrt{\frac{p^2}{4} - q}$$

$$x - x'' = x + \frac{p}{2} + \sqrt{\frac{p^2}{4} - q}$$

Et l'on voit que la première parenthèse du second membre de l'identité (1) égale $x - x'$, tandis que le deuxième égale $x - x''$. On peut donc écrire.
$$x^2 + px + q = (x - x')(x - x'')$$

Ainsi le trinome du second degré de la forme $x^2 + px + q$, peut se décomposer en un produit de deux facteurs du premier degré. On obtient ces facteurs en retranchant de x chacune des deux racines.

94. *Remarque, I.* Si le trinome du second degré est de la forme
$$ax^2 + bx + c,$$
on multiplie et on divise par a les termes bx et c, ce qui donne :
$$a\left(x^2 + \frac{b}{a}x + \frac{c}{a}\right).$$
posant $\frac{b}{a} = p$ et $\frac{c}{a} = q$, il vient
$$a(x^2 + px + q)$$
et puisque $\quad x^2 + px + q = (x-x')(x-x'')$
on aura :
$$a(x^2 + px + q) = a(x-x')(x-x'').$$

Remarque, II. Si les racines du trinome $x^2 + px + q$ étaient égales, on aurait :
$$x^2 + px + q = (x-x')(x-x'') = (x-x')^2.$$

Remarque, III. Effectuons le produit indiqué dans le second membre de l'identité $x^2 + px + q = (x-x')(x-x'')$, il vient :
$$x^2 + px + q = x^2 - (x'+x'')x + x'x'';$$
or, puisque les deux membres sont identiques, il faut que, dans chacun d'eux, les termes de même degré en x soient égaux ; on aura donc :
$$x' + x'' = -p \qquad \text{et} \qquad x'x'' = q$$
Et l'on retrouve ainsi la propriété démontrée au N° 91.

Application.

1° Décomposer en facteurs du premier degré le trinome $x^2 + 4x - 32$.

Les racines de l'équation
$$x^2 + 4x - 32 = 0.$$
étant $+4$ et -8, on aura :
$$x^2 + 4x - 32 = (x-4)(x+8)$$
On peut vérifier que le produit $(x-4)(x+8)$ donne bien $x^2 + 4x - 32$.

2° Décomposer en facteurs le trinome
$$10x^2 - 7x + 1$$
qu'on peut écrire
$$10\left(x^2 - \frac{7}{10}x + \frac{1}{10}\right)$$

Les racines de l'équation

$$x^2 - \frac{7x}{10} + \frac{1}{10} = 0$$

étant $\frac{1}{2}$ et $\frac{1}{5}$, on aura :

$$10x^2 - 7x + 1 = 10\left(x - \frac{1}{2}\right)\left(x - \frac{1}{5}\right).$$

3° Simplifier l'expression

$$\frac{x^2 + 6x - 27}{x^2 - 9x + 18}$$

Si on égale à zéro chacun des deux termes de cette fraction, on trouve pour racines du numérateur $+3$ et -9, et pour celles du dénominateur 3 et 6 ; l'expression devient donc

$$\frac{x^2 + 6x - 27}{x^2 - 9x + 18} = \frac{(x - 3)(x + 9)}{(x - 3)(x - 6)}$$

divisant le numérateur et le dénominateur du second membre par le facteur commun $x - 3$, on a $\dfrac{x + 9}{x - 6}$ pour la valeur simplifiée de l'expression donnée.

4° Former une équation qui ait pour racines les nombres $+5$ et -9.

On a : $(x - 5)(x + 9) = 0$

Le produit effectué donne

$$x^2 + 4x - 45 = 0$$

Variations du trinome du second degré.

95. Considérons le trinome

$$ax^2 + bx + c$$

qu'on peut écrire comme il suit

$$a\left(x^2 + \frac{b}{a}x + \frac{c}{a}\right)$$

ou $\qquad a\left(x^2 + px + q\right)$

Étudions les variations de ce trinome quand x prend successivement toutes les valeurs comprises entre l'infini positif et l'infini négatif.

I. En appelant x' et x'' les racines du trinome $x^2 + px + q$ égalé à zéro, on a, si les racines sont réelles et inégales,

$$a(x^2 + px + q) = a(x - x')(x - x'').$$

1° Pour toute valeur de x non comprise entre les racines x' et x'', c'est-à-dire plus grande que x' ou plus petite que x'', le produit $(x-x')(x-x'')$ sera positif.

En effet si on a $x > x'$, la différence $x-x'$ sera positive ; il en sera de même, à plus forte raison, de la différence $x-x''$, et le produit sera positif.

Si on a $x < x''$, la différence $x-x''$ sera négative ; il en sera de même de la différence $x-x'$ et le produit sera encore positif. Ce produit, multiplié par a, ne change pas le signe de cette quantité.

2° Pour toute valeur de x comprise entre les racines x' et x'', c'est-à-dire plus petite que x' et plus grande que x'', le produit $(x-x')(x-x'')$ sera négatif.

En effet, si on a en même temps $x < x'$ et $x > x''$, la différence $x-x'$ sera négative tandis que la différence $x-x''$ sera positive ; le produit sera donc négatif.

96. Ainsi lorsque le trinome ax^2+bx+c égalé à zéro a ses racines réelles et inégales, il conserve le signe de son premier terme a pour toute valeur de x non comprise entre ses racines, car le produit $(x-x')(x-x'')$ reste positif. Au contraire il a un signe différent de celui de son premier terme a pour toute valeur de x comprise entre les deux racines, car le produit $(x-x')(x-x'')$ est négatif.

On sait d'ailleurs que ce trinome s'annule quand on donne à x une valeur égale à l'une des deux racines, et on conclut que le trinome ne peut changer de signe sans passer par zéro.

97. II. Si les racines du trinome sont égales on a :
$$a(x^2+px+q) = a(x-x')^2$$
et le trinome aura le signe de son premier terme, quelle que soit la valeur de x, car le carré $(x-x')^2$ est toujours positif, et son produit par a ne change pas le signe de cette quantité.

III. Si les racines du trinome sont imaginaires, elles se présentent sous la forme : $x = m \pm n\sqrt{-1}$,
et on aura :
$$a(x^2+px+q) = a(x-m-n\sqrt{-1})(x-m+n\sqrt{-1})$$
Le produit indiqué dans les deux dernières parenthèses est celui du binome $x-m$ diminué de $n\sqrt{-1}$, par ce même binome augmenté de $n\sqrt{-1}$; on peut donc écrire ($N^o 24$).

$$\alpha(x^2+px+q) = a\left[(x-m)^2-(n\sqrt{-1})^2\right]$$
$$a(x^2+px+q) = a\left[(x-m)^2-n^2\times(-1)\right]$$
$$a(x^2+px+q) = a\left[(x-m)^2+n^2\right] :$$

or, quelle que soit la valeur donnée à x, les carrés $(x-m)^2$ et n^2 seront positifs et par suite la somme $(x-m)^2+n^2$ sera elle-même positive. On voit que le trinome aura toujours le signe de son premier terme.

Application. 1° Déterminer entre quelles limites on peut faire varier la valeur de x pour que le trinome x^2-2x-8 soit négatif.

Appelons m la valeur de ce trinome; écrivons :
$$m = x^2-2x-8.$$
Le trinome proposé, égalé à zéro, a pour racines $x'=4$, $x''=-2$

Donc pour que le trinome soit négatif, c'est-à-dire prenne un signe contraire à celui de son premier terme, il faut que x ait une valeur plus petite que 4 et plus grande que -2.

Les valeurs entières de x seront donc : $3. 2. 1. 0$ et -1; le trinome s'annule d'ailleurs pour $x=4$ et $x=-2$.

2° Déterminer entre quelles limites on peut faire varier la valeur de x pour que le trinome $-3x^2-12x+36$ soit négatif.

Écrivons $$m = -3x^2-12x+36$$
ou $$m = -3(x^2+4x-12)$$

Les racines du trinome $x^2+4x-12$ égalé à zéro étant $x'=2$ et $x''=-6$, on voit que le trinome sera négatif, c'est-à-dire aura le même signe que son premier terme, pour toute valeur de x non comprise entre les deux racines.

x peut donc valoir : $3. 4. 5. 6 \ldots +\infty$ et $-7, -8, -9 \ldots -\infty$; le trinome s'annule d'ailleurs pour $x=2$ et $x=-6$.

3° Étant donnée l'équation $x^2-6x-16=0$, trouver, sans la résoudre, si les nombres 3 et 10 sont compris entre les racines.

Le nombre 3 mis à la place de x dans l'équation proposée donne -25 pour valeur du premier membre; cette valeur étant d'un signe contraire à celui de x, 3 est compris entre les racines ($N° 96$).

le nombre 10 mis à la place de x donne $+24$ pour valeur du premier membre ; cette valeur ayant même signe que le premier terme x^2, 10 n'est pas compris entre les racines.

Si on résout l'équation, on trouve en effet que les racines sont 8 et -2.

Équations bicarrées

98. Une équation bicarrée est une équation du quatrième degré renfermant la quatrième puissance de l'inconnue, la seconde puissance de l'inconnue et une quantité connue ; on peut toujours la ramener à la forme

$$ax^4 + bx^2 + c = 0$$

ou, en divisant tous les termes par a

$$x^4 + \frac{b}{a} x^2 + \frac{c}{a} = 0$$

représentons $\frac{b}{a}$ par p et $\frac{c}{a}$ par q, on a :

$$x^4 + px^2 + q = 0$$

C'est sous cette forme qu'on étudie ordinairement l'équation bicarrée. Posons $x^2 = z$, d'où $x^4 = z^2$. L'équation devient :

$$z^2 + pz + q = 0 \qquad (1)$$

d'où

$$z \text{ ou } x^2 = -\frac{p}{2} \pm \sqrt{\frac{p^2}{4} - q}$$

et par suite

$$x = \pm \sqrt{-\frac{p}{2} \pm \sqrt{\frac{p^2}{4} - q}} \qquad (2)$$

Les racines au nombre de 4 sont :

$$x' = +\sqrt{-\frac{p}{2} + \sqrt{\frac{p^2}{4} - q}} \qquad x''' = -\sqrt{-\frac{p}{2} + \sqrt{\frac{p^2}{4} - q}}$$

$$x'' = +\sqrt{-\frac{p}{2} - \sqrt{\frac{p^2}{4} - q}} \qquad x'''' = -\sqrt{-\frac{p}{2} - \sqrt{\frac{p^2}{4} - q}}$$

On voit que les racines sont, deux à deux, égales et de signes contraires. Ce résultat était facile à prévoir, car l'équation ne renfermant que les puissances paires de l'inconnue reste la même quand on change x en $-x$

En effet $x^4 = (-x^2)^2$ et $x^2 = (-x)^2$

99. Discussion. Lorsque l'équation (1) aura ses racines réelles et positives, les 4 racines de l'équation (2) seront réelles, deux seront positives et deux négatives.

Lorsque l'équation (1) aura une racine positive et une négative, deux racines de l'équation (2) seront réelles, l'une étant positive et l'autre négative, les deux autres seront imaginaires ; ce seront celles correspondant à la racine négative de l'équation (1).

Enfin, lorsque les deux racines de l'équation (1) seront négatives ou imaginaires, les 4 racines de l'équation (2) seront imaginaires.

Soit à résoudre les équations suivantes :

1°
$$x^4 - 25x^2 + 144 = 0$$

posons $x^2 = z$, d'où $x^4 = z^2$; on a alors
$$z^2 - 25z + 144 = 0$$

$$z \text{ ou } x^2 = \frac{25}{2} \pm \sqrt{\frac{625}{4} - 576}$$

$$x^2 = \frac{25 \pm 7}{2}, \quad \text{d'où} \quad x = \pm\sqrt{\frac{25 \pm 7}{2}}$$

$$x' = 4 \;;\; x'' = 3 \;;\; x''' = -4 \;;\; x'' = -3$$

2°
$$4x^4 - 17x^2 + 4 = 0$$

ou
$$x^4 - \frac{17}{4}x^2 + 1 = 0$$

posons $x^2 = z$, d'où $x^4 = z^2$.. on a alors
$$z^2 - \frac{17}{4}z + 1 = 0$$

$$z \text{ ou } x^2 = \frac{17}{8} \pm \sqrt{\frac{289}{64} - 1} = \frac{17}{8} \pm \sqrt{\frac{289 - 64}{64}}$$

$$x = \pm\sqrt{\frac{17}{8} \pm \sqrt{\frac{225}{64}}} = \pm\sqrt{\frac{17 \pm 15}{8}}$$

$$x' = 2 \;;\; x'' = 1/2 \;;\; x''' = -2 \quad \text{et} \quad x'''' = -\frac{1}{2}.$$

100. Lorsqu'on veut résoudre un système d'équations à plusieurs inconnues dont quelques-unes ou toutes sont du deuxième degré, on arrive, par des éliminations successives, à une équation ne renfermant qu'une seule inconnue. Si cette équation est du second degré, ou même si elle est bicarrée, on la résout par les procédés ordinaires ; mais si elle est d'un degré supérieur, on ne peut pas la résoudre par l'algèbre élémentaire, excepté cependant dans des cas particuliers et en employant des artifices de calculs.

Voici du reste les artifices les plus généralement employés.

1° Soit le système des deux équations.

$$x + y = 12$$

$$xy = 35$$

On connaît la somme et le produit ; les inconnues seront donc (n° 91) les racines de l'équation.

$$X^2 - 12X + 35 = 0$$

d'où

$$\genfrac{}{}{0pt}{}{x}{y} = 6 \pm \sqrt{36 - 35}$$

$$x = 7 \quad \text{et} \quad y = 5$$

2° Soit le système des deux équations

$$x - y = 5$$

$$xy = -4$$

posons $z = -y$ et le système proposé devient :

$$x + z = 5$$

$$xz = +4$$

On a encore la somme et le produit ; les inconnues seront les racines de l'équation

$$X^2 - 5X + 4 = 0$$

d'où

$$\genfrac{}{}{0pt}{}{x}{z} = +\frac{5}{2} \pm \sqrt{\frac{25}{4} - 4}$$

$$x = 4 \; ; \; z = 1 \, , \, \text{d'où} \; y = -1.$$

Autre procédé.

Si à la première équation élevée au carré, $x^2 + y^2 + 2xy = 25$, on ajoute 4 fois la seconde, ou $4xy = -16$, on trouve :

$$x^2 + y^2 + 2xy = 9.$$

prenons la racine carrée des deux membres

$$x + y = 3$$

On connaît maintenant la somme 3 et la différence 5 des inconnues ; on aura donc (n° 59)

$$x = \frac{3+5}{2} \text{ ou } 4 \quad \text{et} \quad z = \frac{3-5}{2} \text{ ou } -1$$

3° Soit le système des deux équations.

$$x + y = s$$

$$x^2 + y^2 = d^2$$

Si de la première élevée au carré on retranche la seconde on trouve :

$$2xy = S^2 - d^2$$

d'où
$$xy = \frac{S^2 - d^2}{2}$$

On connaît maintenant la somme et le produit, et les inconnues seront les racines de l'équation

$$X^2 - SX + \frac{S^2 - d^2}{2} = 0$$

$$\begin{matrix}x\\y\end{matrix} = \frac{S}{2} \pm \sqrt{\frac{S^2}{4} - \frac{S^2 - d^2}{2}} \quad = \frac{S}{2} \pm \sqrt{\frac{S^2}{4} - \frac{2S^2}{4} + \frac{2d^2}{4}}.$$

$$x = \frac{S + \sqrt{2d^2 - S^2}}{2}$$

$$y = \frac{S - \sqrt{2d^2 - S^2}}{2}$$

4° Soit le système des deux équations

$$x - y = 2$$

$$x^3 - y^3 = 98$$

La première élevée au cube devient

$$x^3 - 3x^2 y + 3xy^2 - y^3 = 8,$$

équation qu'on peut écrire comme il suit

$$x^3 - y^3 - 3xy(x - y) = 8$$

remplaçons $x^3 - y^3$ par 98 et $x - y$ par 2, on trouve :

$$98 - 6xy = 8$$

ou
$$xy = 15$$

On connaît la différence 2 et le produit 15 des inconnues, et on tombe dans le cas du N° 2. Les équations résolues donnent

$$x = 5, \quad y = 3.$$

5° Soit le système des deux équations

$$x^2 + y^2 = a^2$$

$$xy = b^2.$$

Ajoutons la première à deux fois la seconde, il vient :

$$x^2 + y^2 + 2xy = a^2 + 2b^2.$$

prenons la racine carrée des deux membres

$$x + y = \pm \sqrt{a^2 + 2b^2}.$$

On connaît maintenant la somme et le produit des inconnues; x et y seront donc les racines de l'équation.

$$X^2 \mp \sqrt{a^2 + 2b^2}\, X + b^2 = 0$$

$$\begin{matrix}x\\y\end{matrix} = \pm \sqrt{a^2 + 2b^2} \pm \sqrt{\frac{a^2 + 2b^2 - 4b^2}{4}}$$

$$\begin{matrix}x\\y\end{matrix} = \pm \frac{\sqrt{a^2 + 2b^2}}{2} \pm \frac{\sqrt{a^2 - 2b^2}}{2}.$$

Autre procédé.

Le double de la seconde équation ajouté à la première ou retranché de la première donne successivement :

$$x^2 + y^2 + 2xy = a^2 + 2b^2$$
$$x^2 + y^2 - 2xy = a^2 - 2b^2$$

Prenons la racine carrée de chacune de ces équations :

$$x + y = \pm\sqrt{a^2 + 2b^2}$$
$$x - y = \pm\sqrt{a^2 - 2b^2}$$

on connaît maintenant la somme et la différence, donc

$$x = \frac{\pm\sqrt{a^2 + 2b^2} \pm \sqrt{a^2 - 2b^2}}{2}$$

$$y = \frac{\pm\sqrt{a^2 + 2b^2} \mp \sqrt{a^2 - 2b^2}}{2}$$

101. **Remarque. I** On voit que la plupart des artifices de calcul consistent à trouver la somme et le produit des 2 inconnues et à résoudre ensuite une équation du second degré dont les racines sont précisément les valeurs de chacune des inconnues.

Remarque II. De la première équation du N° 5 $x^2 + y^2 = a^2$, on tire $x = \pm\sqrt{a^2 - y^2}$, et de la seconde $x = \dfrac{b^2}{y}$. Égalons ces valeurs :

$$\pm\sqrt{a^2 - y^2} = \frac{b^2}{y}$$

élevons tout au carré

$$a^2 - y^2 = \frac{b^4}{y^2}$$

ou

$$a^2 y^2 - y^4 = b^4$$
$$y^4 - a^2 y^2 + b^4 = 0, \quad \text{équation bicarrée}$$

posons $y^2 = z$ d'où $y^4 = z^2$; l'équation devient alors

$$z^2 - a^2 z + b^4 = 0$$
$$z \text{ ou } y^2 = \frac{a^2}{2} \pm \sqrt{\frac{a^4}{4} - \frac{4b^4}{4}}$$

d'où

$$y = \pm\sqrt{\frac{a^2 \pm \sqrt{a^4 - 4b^4}}{2}}$$

Or, nous avons trouvé pour racine de cette même équation résolue au moyen d'artifices de calcul

$$y = \frac{\pm\sqrt{a^2 + 2b^2} \pm \sqrt{a^2 - 2b^2}}{2},$$

il faut donc que les deux valeurs de y soient équivalentes. Pour le démontrer, élevons au carré la dernière valeur de y ; on a :

$$y^2 = \frac{a^2 + 2b^2}{4} + \frac{a^2 - 2b^2}{4} \pm \frac{2}{4}\sqrt{(a^2 + 2b^2)(a^2 - 2b^2)}$$

$$y^2 = \frac{a^2 \pm \sqrt{a^4 - 4b^4}}{2} \quad ; \text{ d'où } \quad y = \pm\sqrt{\frac{a^2 \pm \sqrt{a^4 - 4b^4}}{2}}.$$

valeur identique à la première.

102. Soit à résoudre l'équation

$$2x^4 - 3x^3 - x^2 - 3x + 2 = 0 \qquad (1)$$

Cette équation complète du quatrième degré dans laquelle les coefficients des termes placés à égale distance des extrêmes sont égaux et de même signe est appelée équation réciproque ; car sa valeur reste la même quand on remplace x par $\frac{1}{x}$, comme on peut facilement s'en assurer. D'après cela, s'il existe une racine telle que $x = a$. il y en aura une autre de la forme $x = \frac{1}{a}$.

En groupant les termes qui ont le même coefficient, l'équation proposée peut s'écrire

$$2(x^4 + 1) - 3(x^3 + x) - x^2 = 0$$

Divisons tout par x^2 afin de rendre connu le dernier terme, il vient :

$$2\left(x^2 + \frac{1}{x^2}\right) - 3\left(x + \frac{1}{x}\right) - 1 = 0 \qquad (2)$$

posons

$$x + \frac{1}{x} = z$$

d'où $\quad x^2 + \frac{1}{x^2} = \left(x + \frac{1}{x}\right)^2 - 2 = z^2 - 2.$

L'équation (2) devient alors

$$2(z^2 - 2) - 3z - 1 = 0$$
$$2z^2 - 4 - 3z - 1 = 0$$
$$z^2 - \frac{3z}{2} - \frac{5}{2} = 0$$

d'où

$$z = \frac{3}{4} \pm \sqrt{\frac{9}{16} + \frac{5}{2}}$$

$$z' = \frac{3}{4} + \frac{7}{4} \quad \text{ou} \quad \frac{5}{2}$$
$$z'' = \frac{3}{4} - \frac{7}{4} \quad \text{ou} \quad -1.$$

Maintenant si dans l'équation $x + \frac{1}{x} = z$, nous remplaçons z par ses valeurs, on a :

$$x + \frac{1}{x} = \frac{5}{2} \qquad (3)$$
$$x + \frac{1}{x} = -1 \qquad (4)$$

l'équation (3) devient successivement

$$2x^2 + 2 - 5x = 0$$

$$x = \frac{5}{4} \pm \sqrt{\frac{25}{16} - \frac{16}{16}}$$

d'où $\qquad x' = 2 \quad$ et $\quad x'' = \frac{1}{2}$

L'équation (4) devient aussi

$$x^2 + 1 = -x$$

ou $\qquad x^2 + x + 1 = 0$

le terme connu $+1$ étant plus grand que le carré de la moitié du coefficient de x, les racines sont imaginaires (N° 90, 3°).

Ainsi l'équation proposée a 2 racines réelles 2 et 1/2 et deux racines imaginaires.

Des maxima et minima.

103. Lorsqu'une quantité variable après avoir augmenté diminue, elle passe par une valeur plus grande que les valeurs voisines qui la précèdent et qui la suivent et atteint un maximum. Au contraire, si après avoir diminué, la quantité variable augmente, elle passe par une valeur plus petite que les voisines et atteint un minimum.

Les maxima et les minima sont donc des grandeurs relatives qu'on doit toujours considérer par rapport aux valeurs voisines. Une même quantité peut passer plusieurs fois par un maximum et plusieurs fois par un minimum, et il peut arriver qu'un minimum soit plus grand qu'un maximum.

Si la ligne ABF représente la coupe d'un terrain par un plan vertical, les hauteurs $b, d, f,$ au-dessus d'une horizontale xy expriment chacune un maximum, tandis que les hauteurs $a, c, e,$ expriment chacune un minimum ; et on voit que le minimum e est plus grand que le maximum f.

104. Les questions de maxima et de minima ne

sont point du domaine de l'algèbre élémentaire ; on peut cependant résoudre celles qui donnent lieu à une équation du second degré ou même quelquefois d'un degré plus élevé, en appliquant certains principes que nous allons exposer.

1er **Principe.** Le produit de deux facteurs variables dont la somme est constante est maximum lorsque ces facteurs sont égaux si cela est possible

Soit a la somme constante de deux facteurs que nous représenterons l'un par $\frac{a}{2} + m$, l'autre par $\frac{a}{2} - m$, m étant plus petit que $\frac{a}{2}$; leur produit sera

$$\left(\frac{a}{2} + m\right)\left(\frac{a}{2} - m\right) \quad \text{ou} \quad \frac{a^2}{4} - m^2.$$

Ce produit est composé d'une quantité fixe $\frac{a^2}{4}$ et d'une partie variable m^2 ; il sera le plus grand possible lorsque la quantité à retrancher m^2 sera nulle ; mais si la quantité m est nulle, les deux facteurs deviennent l'un et l'autre $\frac{a}{2}$; ils sont donc égaux. Donc......

Application. 1° Partager le nombre 20 en deux parties telles que leur produit soit maximum.

La somme 20 des deux facteurs étant constante, ces deux facteurs seront égaux ; chacun d'eux vaudra 10.

On peut s'assurer en effet, que le produit de deux facteurs tels que 9 et 11, 8 et 12, 7 et 13..... dont la somme est 20 est moindre que le produit de 10 par 10.

2° Quel est le plus grand rectangle qu'on puisse inscrire dans un carré donné ? (Baccalauréat).

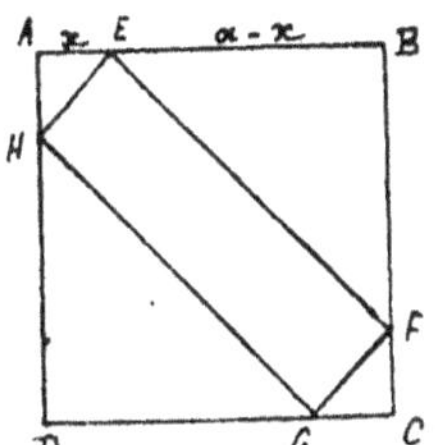

Soit $ABCD$ le carré donné. Portons — à partir des sommets A et C et dans les deux sens, une même longueur arbitraire $AE = AH = CF = CG$. le quadrilatère $EFGH$ est un rectangle.

En appelant a le côté du carré et x la longueur AE, on aura $a - x = EB$.

Les triangles AEH, EBF sont rectangles et isocèles, donc :
$$HE = x\sqrt{2} \quad \text{et} \quad EF = (a-x)\sqrt{2}.$$

Alors $\qquad S^2 = x\sqrt{2} \times (a-x)\sqrt{2}$

ou $\qquad S^2 = 2(a-x)x$

La surface S^2 est exprimée par 3 facteurs dont un, le facteur 2, est fixe et les deux autres sont variables ; cette surface sera donc maximum lorsque le produit des facteurs variables sera le plus grand possible.

La somme de ces 2 facteurs variables est

$$a - x + x \quad \text{ou} \quad a \qquad \text{quantité constante.}$$

Ainsi le produit $(a-x)x$ sera maximum quand les deux facteurs seront égaux ; écrivons donc :

$$a - x = x$$

d'où $\qquad x = \dfrac{a}{2}$.

On voit que le rectangle maximum est le carré qui a pour sommets les milieux des 4 côtés du carré donné.

105. **2° Principe.** le produit de plusieurs facteurs positifs variables, dont la somme est constante, est maximum lorsque ces facteurs sont égaux si cela est possible.

Soient $x, y, z, v \ldots$ des facteurs dont la somme est S.

Si ces facteurs ne sont pas égaux, on peut, sans changer la somme constante S, remplacer deux facteurs quelconques x et y chacun par leur demi-somme $\dfrac{x+y}{2}$, et le produit $\left(\dfrac{x+y}{2}\right)\left(\dfrac{x+y}{2}\right)$ est plus grand que xy (1er principe).

Ainsi, tant que deux facteurs ne seront pas égaux on pourra, sans changer leur somme, les rendre égaux et augmenter le produit. Donc le produit sera maximum lorsque les facteurs seront égaux

Application. 1° De tous les triangles qui ont même périmètre quel est le plus grand ?

Appelons $2p$ le périmètre et S^2 la surface ; on a d'après une formule connue.

$$S^2 = \sqrt{p(p-a)(p-b)(p-c)}$$

La surface sera maximum lorsque le produit des trois facteurs variables $(p-a)(p-b)(p-c)$ sera le plus grand possible; or la somme de ces facteurs est constante, car elle est égale à $p-a+p-b+p-c$, ou $3p-(a+b+c)$, ou $3p-2p$, ou p.

Donc le produit sera maximum quand les 3 facteurs seront égaux, c'est-à-dire lorsqu'on aura $a = b = c$.

Ainsi le plus grand triangle est le triangle équilatéral.

2° De tous les parallélipipèdes rectangles qui ont même surface totale S, quel est celui qui a le plus grand volume ?

Soient x, y, z les trois arêtes.

Appelons S la surface totale et V le volume ; on aura :

$$2xy + 2xz + 2yz = S$$

ou
$$xy + xz + yz = \frac{S}{2}$$

On aura encore :

$$V = xyz$$

Or, si le volume est maximum le carré de ce volume sera aussi maximum ; on peut donc écrire :

$$V^2 = x^2 y^2 z^2 \text{ ou } xy \times xz \times yz.$$

On voit que V^2 est le produit de 3 facteurs dont la somme $\frac{S}{2}$ est constante ; donc V^2 sera maximum lorsque ces facteurs seront égaux, c'est-à-dire lorsqu'on aura :

$$xy = xz = yz$$

d'où
$$x = y = z .$$

Ainsi le parallélipipède maximum est le cube.

106. 3° Principe. Le produit de deux facteurs variables ayant une somme constante et affectés chacun d'un exposant différent est maximum lorsque ces facteurs sont proportionnels à leurs exposants, si cela est possible.

Soient x^m et y^n deux facteurs dont la somme $x + y = S$. Leur produit peut s'écrire :

$$m^m \times n^n \times \frac{x^m}{m^m} \times \frac{y^n}{n^n} .$$

Le produit est formé de deux parties, l'une fixe, $m^m \times n^n$ et l'autre variable $\frac{x^m}{m^m} \times \frac{y^n}{n^n}$ ou $\left(\frac{x}{m}\right)^m \times \left(\frac{y}{n}\right)^n.$

Cette dernière partie est composée de m facteurs égaux à $\frac{x}{m}$ et de n facteurs égaux à $\frac{y}{n}$, la somme de ces $m + n$ facteurs est constante, car elle égale

$$m \times \frac{x}{m} + n \times \frac{y}{n} \text{ ou } x + y, \text{ ou } S.$$

Le produit sera donc maximum lorsque ces facteurs seront égaux (2ᵉ principe), c'est-à-dire lorsqu'on aura :

$$\frac{x}{m} = \frac{y}{n} \quad \text{ou} \quad \frac{x}{y} = \frac{m}{n}. \quad \text{Donc} \ldots$$

Applications. 1° Inscrire dans un demi-cercle un trapèze dont la surface soit maximum.

Appelons $2x$ la lon-gueur de la base supérieure du trapèze ; on aura :

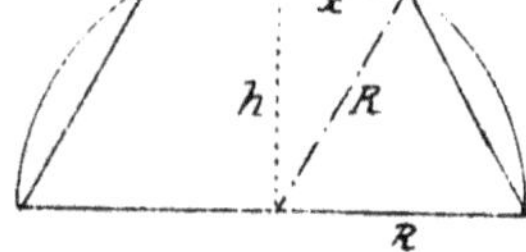

$$S = (R+x)\,h.$$

ou

$$S = (R+x)\sqrt{R^2 - x^2}$$

Si l'aire S est maximum, son carré le sera pareillement ; écrivons donc

$$S^2 = (R+x)^2(R^2-x^2)$$
$$S^2 = (R+x)^2(R+x)(R-x)$$
$$S^2 = (R+x)^3(R-x)$$

La valeur S^2 sera maximum lorsque le produit des facteurs $R+x$ et $R-x$ sera le plus grand possible ; or la somme de ces deux facteurs est $2R$, quantité constante ; donc ils doivent être proportionnels à leurs exposants, et on a :

$$\frac{R+x}{R-x} = \frac{3}{1}$$

d'où $\ldots \ldots$

$$x = \frac{R}{2}.$$

La base supérieure est donc R et par suite le trapèze maximum est le demi-hexagone régulier.

2° Avec un carré de carton ayant pour côté $2a$, construire une boîte dont la capacité soit maximum.

Pour confectionner la boîte il faut enlever à chaque angle un carré tel que $ABCD$ et relever ensuite les rectangles $ADEF$, $DCIH$.....

Appelons x le côté du carré à enlever ; la longueur DE sera exprimée par $2a-2x$ ou $2(a-x)$; la surface du fond sera

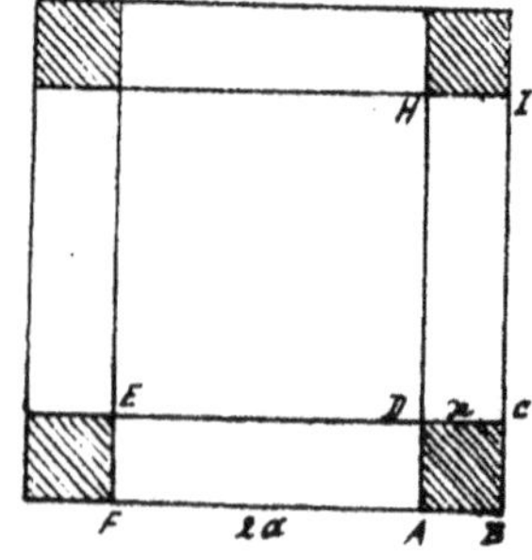

$4(a-x)^2$, et le volume V de la boîte.

$$V = 4(a-x)^2 x.$$

On voit que le volume est le produit de 3 facteurs dont deux, $a-x$ et x, sont variables et ont pour somme constante a. Donc le volume sera maximum lorsque les facteurs variables seront proportionnels à leurs exposants, c'est-à-dire lorsqu'on aura :

$$\frac{a-x}{x} = \frac{2}{1}$$

d'où
$$x = \frac{a}{3} = \frac{2a}{6}$$

Les carrés à enlever ont pour côté le sixième de la longueur de la feuille de carton et le volume maximum est

$$4\left(a-\frac{a}{3}\right)^2 \frac{a}{3} \quad \text{ou} \quad \frac{16\,a^3}{27}.$$

107. Les principes exposés ci-dessus suffisent dans bien des cas pour déterminer le maximum d'une grandeur variable ; mais il n'est pas toujours possible de mettre sous la forme d'un produit la grandeur que l'on étudie ; aussi a-t-on recours, d'une manière générale, à un procédé assez simple. On donne à la quantité variable une valeur quelconque m et on cherche entre quelles limites on peut faire varier m pour que la grandeur étudiée reste réelle. Les limites supérieure et inférieure ainsi trouvées font connaître le maximum et le minimum.

Exemples. I Inscrire dans un cercle de rayon R, un rectangle dont le périmètre soit maximum.

Appelons x, y, les dimensions du rectangle et $2p$ son périmètre. On aura :
$$x + y = p$$
$$x^2 + y^2 = 4R^2.$$

Si de la première équation élevée au carré on retranche la seconde, il vient
$$xy = \frac{p-4R^2}{2}.$$

Connaissant la somme et le produit des inconnues on a :
$$X^2 - pX + \frac{p-4R^2}{2} \qquad \text{d'où} \qquad \frac{x}{y} = \frac{p \pm \sqrt{8R^2 - p^2}}{2}$$

Pour que les inconnues x et y soient réelles, il faut qu'on ait
$$8R^2 - p^2 > 0$$
ou
$$2p < 4R\sqrt{2}.$$
Ainsi le périmètre $2p$ doit être plus petit ou tout au plus égal à $4R\sqrt{2}$. $4R\sqrt{2}$ est donc le maximum du périmètre, et l'on voit que le rectangle demandé est le carré inscrit.

II. On a un demi-cercle ACB ; on élève les perpendiculaires AE, BF aux extrémités du diamètre et on propose de mener une tangente telle que le trapèze rectangle formé ait une surface minimum S^2.

Posons $\quad AE = EC = x$; $BF = FC = y$; $AB = 2R$; $OC = R$

On a d'abord $\quad (x+y)R = S^2$

ou $\quad x+y = \dfrac{S^2}{R}$ (1)

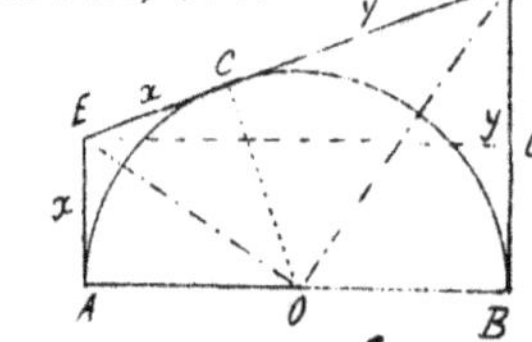

En menant EG parallèle à AB, on forme un triangle rectangle qui donne :
$$(x+y)^2 = 4R^2 + (y-x)^2$$

cette équation devient, après avoir chassé les parenthèses et simplifié,
$$xy = R^2 \qquad (2)$$

On connaît maintenant la somme et le produit des inconnues ; donc
$$X^2 - \frac{S^2}{R}X + R^2 = 0$$

d'où
$$\frac{x}{y} = \frac{S^2 \pm \sqrt{S^4 - 4R^4}}{2R}$$

Pour que les inconnues soient réelles, il faut qu'on ait :
$$S^4 - 4R^4 > 0$$

d'où
$$S^2 > 2R^2$$

Ainsi S^2 doit être plus grand ou tout au moins égal à $2R^2$; or $2R^2$ est la moitié du carré circonscrit ; on en conclut que le plus petit trapèze rectangle circonscrit à un demi-cercle est la moitié du carré circonscrit.

III. Pour quelle valeur de x l'expression $\dfrac{x-4}{x^2 - 3m - 3}$ sera-t-elle maximum ou minimum ? (Proposé en 1872 aux candidats à l'École des Mines de St Étienne.)

Appelons m la valeur de la fraction, et posons :
$$\frac{x-4}{x^2 - 3m - 3} = m$$

$$x - 4 = m x^2 - 3 m x - 3 m.$$

ou
$$m x^2 - 3 m x - x - 3 m + 4 = 0$$

$$x^2 - \frac{(3m+1)x}{m} - \frac{3m}{m} + \frac{4}{m} = 0$$

$$x = -\frac{3m+1}{2m} \pm \sqrt{\frac{9m^2 + 1 + 6m}{4 m^2} + \frac{3m}{m} - \frac{4}{m}}$$

en simplifiant le radical on trouve

$$x = \frac{3m+1 \pm \sqrt{21 m^2 - 10 m + 1}}{2m} \qquad (1)$$

Pour que x soit réel, il faut qu'on ait :

$$21 m^2 - 10 m + 1 > 0$$

ou
$$21 \left(m^2 - \frac{10}{21} m + \frac{1}{21} \right) > 0$$

Les racines du trinome

$$m^2 - \frac{10 m}{21} + \frac{1}{21}$$

égalé à zéro sont

$$x' = \frac{1}{3} \qquad et \qquad x'' = \frac{1}{7}$$

Le premier membre de l'inégalité devant être positif, il faut que le trinome $m^2 - \frac{10 m}{21} + \frac{1}{21}$ ait une valeur de même signe que son premier terme ce qui exige que m ne soit pas compris entre les deux racines (N° 96). Ainsi m doit être plus grand que $\frac{1}{3}$ ou plus petit que $\frac{1}{7}$.

Le minimum de la fraction est donc $\frac{1}{3}$, son maximum est $\frac{1}{7}$.

Pour $m = \frac{1}{3}$ l'équation (1) donne $x = 3$ et pour $m = \frac{1}{7}$, la même équation donne $x = 5$

La fraction proposée est donc maximum pour $x = 5$ et minimum pour $x = 3$.

IV. Trouver le maximum et le minimum de la fraction

$$\frac{x^2 + 3}{2x - x^2 - 1}$$

écrivons

$$\frac{x^2 + 3}{2x - x^2 - 1} = m$$

ou

$$x^2 (1 + m) - 2 m x + m + 3 = 0$$

$$x = \frac{m \pm \sqrt{-4m - 3}}{1 + m}$$

Pour que x soit réel, il faut qu'on ait $-4m - 3 > 0$.
ou $4m + 3 < 0$, soit $m < -\frac{3}{4}$.

Ainsi m doit être plus petit que $-\frac{3}{4}$; il peut donc valoir tout au plus $-\frac{3}{4}$ et la fraction proposée a un maximum et n'a pas de minimum

Pour $m = -\frac{3}{4}$, on trouve $x = -3$

V. Trouver le maximum et le minimum de la fraction $\dfrac{x^2-4}{x^2-x-2}$

posons $$\frac{x^2-4}{x^2-x-2} = m .$$

ou $$x^2(m-1) - mx - (2m-4) = 0$$

d'où $$x = \frac{m \pm \sqrt{9m^2 - 24m + 16}}{2(m-1)} .$$

Pour que x soit réel, il faut qu'on ait :
$$9m^2 - 24m + 16 > 0$$

Ce trinome égalé à zéro a ses deux racines égales chacune à $\frac{4}{3}$; il sera donc positif comme son premier terme, quelles que soient les valeurs qu'on donne à m (N° 97), par conséquent la fraction proposée n'a ni maximum ni minimum

Pour la valeur particulière de $m = \frac{4}{3}$, on trouve $x = 2$; portant cette valeur dans la fraction, il vient $m = \frac{0}{0}$.
Pour lever l'indétermination, remarquons que le trinome $x^2 - x - 2 = (x-2)(x+1)$ et que x^2-4 peut être mis sous la forme $(x+2)(x-2)$.

En supprimant le facteur commun $(x-2)$ on trouve
$$\frac{x+2}{x-1} = \frac{4}{3} = m .$$

Remarque. Si les racines du trinome $9m^2 - 24m + 16$, au lieu d'être égales avaient été imaginaires la fraction n'aurait eu, dans ce cas aussi, ni maximum, ni minimum.

VI. Trouver le maximum et le minimum de la fraction $\dfrac{4x - 2x^2 + 1}{x^2 + 1} = m$.

posons $$\frac{4x - 2x^2 + 1}{x^2 + 1} = m$$

$$x^2(m+2) - 4x - (1-m) = 0$$

d'où $$x = \frac{2 \pm \sqrt{-m^2 - m + 6}}{m+2} .$$

Pour que x soit réel, il faut qu'on ait

$$-(m^2 + m - 6) > 0$$

Les racines du trinome $m^2 + m - 6$ égalé à zéro sont $+2$ et -3.

Pour que l'expression $-(m^2 + m - 6)$ soit plus grande que zéro, il faut que le binome $m^2 + m - 6$ ait un signe contraire à celui de son premier terme, ce qui aura lieu pour toute valeur de m comprise entre les deux racines $+2$ et -3 $(N^o\ 96)$.

m pouvant valoir $2, 1, 0, -1, -2$ et -3, on voit que 2 est un maximum et -3 un minimum.

Pour $m = 2$, on trouve $x = \frac{1}{2}$, et pour $m = -3$, il vient $x = -2$.

Problèmes du second degré.

I. Combien a-t-on eu de mètres de drap pour 240 f. sachant que si le mètre avait coûté 3 francs de moins, on aurait eu 4 mètres de plus.

Soit x le nombre de mètres.

$\frac{240}{x}$ exprimera le prix du mètre et $\frac{240}{x+4}$, le prix du mètre dans le second cas ; mais alors le mètre coûte 3 fr. de moins ; il manque donc 3 fr. au quotient $\frac{240}{x+4}$ pour égaler $\frac{240}{x}$, de là l'équation

$$\frac{240}{x} = \frac{240}{x+4} + 3.$$

Multiplions tous les termes par $x(x+4)$, on trouve :

$$240x + 960 = 240x + 3x^2 + 12x$$
$$x^2 + 4x - 320 = 0$$

d'où $\qquad x' = 16$ et $x'' = -20$

On a donc eu 16 mèt. La seconde réponse n'est pas admissible, cependant si on change son signe elle indique qu'on aurait eu 20 mèt. si le prix du mèt. eût été diminué de 3 fr.

II. Deux associés ont retiré de leur commerce 2500 fr. mise et bénéfice ; le premier a eu 300 fr. de gain ; on sait d'ailleurs que le second avait mis 800 fr. trouver la mise du premier et le gain du second ?

Appelons x la mise du premier et y le gain du second. On a d'abord : $\qquad x + y = 2500 - 300 - 800 = 1400$.

Les gains étant proportionnels aux mises, on a encore :

$$\frac{x}{300} = \frac{800}{y} \ , \ \text{d'où} \quad xy = 240\,000.$$

On connaît la somme et le produit des deux inconnues ; on peut donc écrire :

$$X^2 - 1400\,X + 240\,000 = 0$$

d'où
$$x = 1200 \quad \text{et} \quad y = 200$$

    III.   Couper une sphère par un plan de manière que la section soit la différence des deux calottes qui ont pour base commune cette section.

    Pour résoudre ce problème il suffit de déterminer à quelle distance du centre il faut mener le plan sécant.

    Appelons x cette distance et R le rayon de la sphère.

    La surface de la section est $\quad \pi(R^2 - x^2)$

Celle de la calotte supérieure $\quad 2\pi R(R - x)$.

Celle de la calotte inférieure $\quad 2\pi R(R + x)$.

    de là l'équation :

$$\pi(R^2 - x^2) = 2\pi R(R + x) - 2\pi R(R - x).$$
$$R^2 - x^2 = 2R(R + x - R + x).$$
$$x^2 + 4Rx - R^2 = 0$$

d'où
$$x = -2R \pm R\sqrt{5}$$
$$x' = -2R + R\sqrt{5} \ ; \quad x'' = -2R - R\sqrt{5}.$$

La seconde réponse n'est pas admissible, car elle est plus grande que R, en valeur absolue.

    IV.   Un particulier place à un certain taux un capital de 8000 fr. après un an, il retire ce capital et les intérêts produits et place le tout à un taux supérieur de 1 fr. au premier ; alors il retire un revenu annuel de 416 fr. quel était le premier taux ?

    Soit x ce taux ; $\quad \dfrac{x \times 8000}{100}$ ou $80\,x$ exprime l'intérêt de 8000 fr. en un an. Le nouveau capital est alors

$$8000 + 80\,x.$$

Et ce capital au taux $x + 1$ p % rapporte

$$\frac{(8000 + 80\,x)(x + 1)}{100}$$

On aura donc l'équation

$$\frac{(8000 + 80x)(x+1)}{100} = 416.$$

qui se réduit à :

$$x^2 + 101x - 420 = 0$$

d'où

$$x' = 4\,\% \quad \text{et} \quad x'' = -105.$$

La première racine est seule admissible. Le taux était donc $4\ p\,\%$

V. Une croisée terminée par un demi-cercle mesure m mètres sous clef de voûte et a pour surface S^2 trouver le rayon du demi-cercle.

Soit x ce rayon.

L'aire du demi-cercle est $\frac{\pi x^2}{2}$; celle de la partie rectangulaire est $2x(m-x)$; de là l'équation

$$2x(m-x) + \frac{\pi x^2}{2} = S^2$$

$$(4-\pi)x^2 - 4mx + 2S^2 = 0$$

d'où

$$x = \frac{2m \pm \sqrt{4m^2 - 2S^2(4-\pi)}}{4-\pi}.$$

Le signe $-$ est seul admissible, car le dénominateur $4-\pi$ étant une fraction, le premier terme $2m$ du numérateur divisé par $4-\pi$, donne un quotient plus grand que $2m$. Mais la valeur de x doit être plus petite que m, donc il faut que le radical soit pris avec le signe négatif. Le même raisonnement montre que le radical ne peut être nul, et comme d'ailleurs sa valeur doit être positive sans quoi les solutions seraient imaginaires, il s'ensuit que $4m^2$ est toujours plus grand que $2S^2(4-\pi)$.

VI. Quel est le nombre qui étant diminué de sa racine carrée donne 110 ?

Soit x le nombre demandé ; on aura :

$$x - \sqrt{x} = 110$$

Pour résoudre cette équation il faut faire disparaître la partie irrationnelle ; on y arrive en isolant le radical et en élevant ensuite les deux membres au carré ; écrivons donc :

$$-\sqrt{x} = 110 - x$$

$$x = 12100 + x^2 - 220x.$$

$$X^2 - 221X + 12100 = 0$$

d'où $\qquad x' = 121 \quad$ et $\quad x'' = 100$.

La racine carrée de 121 est ± 11 ; celle de 100 est ± 10.

121 diminué de sa racine positive donne 110.

100 diminué de sa racine négative donne aussi 110.

Remarque. En appelant x^2 le nombre cherché on a immédiatement

$$x^2 - x = 110$$

d'où $\qquad x' = 11$ et $x'' = -10$.

11 et -10 étant les racines du nombre cherché, ce nombre est donc 121 ou 100.

VII. Les bases d'un tronc de pyramide sont B^2 et b^2 et la hauteur H : trouver le volume qu'aurait la pyramide si elle n'était pas tronquée.

Soit x la hauteur qu'aurait la pyramide complète.

Les bases B^2 et b^2 étant entre elles comme les carrés des hauteurs correspondantes, on aura :

$$\frac{B^2}{b^2} = \frac{x^2}{(x-H)^2}$$

$$B^2(x^2 + H^2 - 2Hx) = b^2 x^2.$$

$$(B^2 - b^2)x^2 - 2B^2 Hx + B^2 H^2 = 0$$

d'où $\qquad x = \dfrac{B^2 H \pm \sqrt{B^2 b^2 H^2}}{B^2 - b^2}$

Cette valeur de x peut être mise sous la forme

$$x = \frac{BH(B \pm b)}{(B+b)(B-b)}$$

Or x doit être plus grand que H, donc il faut prendre la quantité b du numérateur avec le signe plus, alors on a :

$x = \dfrac{BH}{B-b}$, valeur plus grande que H, et le volume de la pyramide est exprimé par :

$$V = \frac{B^3 H}{3(B-b)}$$

VIII. Trouver les trois côtés d'un triangle rectangle connaissant leur somme, 60 mèt. et la perpendiculaire, 12 mèt. qui tombe sur l'hypoténuse.

On a : $\qquad x + y + z = 60 \qquad$ (1)

$$x^2 + y^2 = z^2 \qquad (2)$$

$$xy = 12 z \qquad (3)$$

De la première équation on tire :

$$x + y = 60 - z \qquad (4)$$

L'équation (2) ajoutée à 2 fois la troisième donne

$$x^2 + y^2 + 2xy = z^2 + 24z$$

et en prenant la racine carrée

$$x + y = \sqrt{z^2 + 24z} \qquad (5)$$

Égalons les équations (3) et (4).

$$60 - z = \sqrt{z^2 + 24z}$$

ou

$$3600 + z^2 - 120z = z^2 + 24z.$$

$$z = 25.$$

Cette valeur portée dans les équations (3) et (4) donne

$$xy = 300$$

$$x + y = 35$$

Connaissant la somme et le produit des inconnues, on trouve aisément

$$x = 15 \text{ et } y = 20$$

Exercices.

1° Résoudre les équations :

$x^2 + 16 = 10x$	$2x^2 + 35 = 17x$	$25x(x+1) = -4$
$x^2 + 4x = -3$	$5x^2 + 24 = 26x$	$x(x-16) = 17$
$x^2 + 144 = -25x$	$4x^2 + 26 = 21x$	$x(5x+19) = 30$
$x^2 + x = 2$	$2x^2 - 9x = 18$	$(x-20)(x+19) = 0$

2° Deux cordes parallèles dont les longueurs sont 16 mèt. et 12 mèt. sont tracées dans un cercle ; leur distance est 2 mèt : trouver le rayon du cercle.

3° Deux cordes qui se coupent dans un cercle ont 100 pour produit de leurs segments respectifs : trouver la distance de leur point de section au centre si le rayon a 15 mètres.

4° Trouver deux nombres impairs consécutifs tels que leur produit soit 483.

5° La surface d'un trapèze est 6400 mèt. carré ; on connaît une b. de 120 mèt. et on sait que la hauteur égale les $4/5$ de l'autre base : trouver la 2ᵉ base et la hauteur.

6° Trouver les 3 côtés d'un triangle rectangle sachant que ces côtés sont 3 nombres consécutifs.

7° Un polygone a 20 diagonales : trouver le nombre de ses côtés ?

8. Deux associés ont fait un fond commun de 2000 fr. le 1er a laissé sa mise pendant 2 mois ; le second a laissé la sienne pendant 8 mois ; le 1er a reçu 1800 fr. tant pour gain que pour mise, tandis que le second n'a retiré que 900 fr. trouver le gain et la mise de chacun ?

9° Trouver deux nombres connaissant leur somme 10 et la somme de leurs cubes 280.

10. Deux fontaines coulant ensemble peuvent remplir un bassin en 2 h. 24 minutes. trouver le temps qu'il faudra à chacune d'elles, sachant que la seconde met 2 heures de moins que la première.

11. Partager le nombre 20 en deux parties telles que le carré de la plus grande égale le produit du petit nombre par le nombre proposé.

12. Une somme de 200 f. doit être distribuée par égales parts entre un certain nombre de personnes ; mais au moment du partage, 4 d'entre elles se retirent, ce qui augmente de 3 fr. la part des autres. On demande combien il y avait d'abord de co-partageants.

13° Calculer les deux dimensions d'un rectangle connaissant sa diagonale 17 mèt. et sa surface 120 mèt. car.

14° trouver les 3 côtés d'un triangle rectangle circonscrit à un cercle de rayon R, le périmèt. du rectangle étant 2 p.

15° Calculer le rayon d'un cylindre connaissant sa surface totale πS^2 et la hauteur H, du cylindre.

16° Quel est le nombre qui étant augmenté de 3 fois sa racine carrée devient 154 ?

17. Les côtés d'un triangle sont 3 nombres entiers consécutifs et sa surface est de 84 mèt. carrés : trouver ces 3 côtés ?

18 Une pièce d'étoffe a été vendue 1800 fr : l'acheteur en la recevant constate que par suite d'erreur, on lui a expédié une pièce qui vaut 2 f. 50 de moins par mètre, mais qui, par compensation, contient 15 mèt. de plus que celle qu'il attendait ; il se décide à la garder et on demande combien cette pièce

contenait de mèt: et quel était le prix du mètre. (Donné en août 1870, à Clermont-f^d aux aspirants au diplôme de fin d'études).

18. Couper une sphère par un plan de manière que le segment enlevé ait même volume que le cône qui aurait pour base la base du segment et pour sommet l'extrémité du diamètre perpendiculaire au plan sécant (Donné en 1869, à Clermont-f^d aux aspirants au diplôme de fin d'études).

19. Trouver le maximum et le minimum des fractions

$$\frac{x^2+21}{x-2} \quad ; \quad \frac{8x-20}{x^2-4} \quad ; \quad \frac{3x^2-2}{-x^2+4x-3}$$

20. Inscrire dans une sphère un cône dont le volume soit maximum.

21. Inscrire dans un carré, un carré de surface minimum.

22. Inscrire dans une sphère un cône dont la surface latérale soit un maximum (Baccalauréat).

23. On a un rectangle de périmètre constant $2p$, sur les 4 côtés pris pour diamètre on décrit des demi-circonférences extérieures au rectangle, trouver le maximum de la surface ainsi formée.

24. On demande le maximum du volume engendré par un rectangle de périmètre constant en tournant autour d'un de ses côtés.

25. Un triangle rectangle isocèle tourne autour du sommet de l'angle droit placé sur un axe, et dans chaque position il forme un corps de révolution : étudier les variations du volume dans les divers cas, le triangle étant tout entier d'un même côté de l'axe. Maximum du volume.

QUATRIÈME PARTIE

Progressions, Logarithmes, Intérêts composés et Annuités.

Des Progressions.

108. On appelle progressions une suite de termes tels que le rapport entre deux termes consécutifs est constant.

Il y a deux espèces de progressions : les progressions arithmétiques ou par différence et les progressions géométriques ou par quotient.

Une progression arithmétique est une suite de termes tels que la différence entre deux termes consécutifs est constante. Cette différence qui se prend d'un terme quelconque à celui qui le suit est appelée la raison de la progression.

Une progression arithmétique est croissante lorsque la raison est positive ; elle est décroissante lorsque la raison est négative.

Exemples $\div$ 2 . 4 . 6 . 8 . 10 . 12 . 14 . 16 . 18 ...

$\div$ 96 . 92 . 88 . 84 . 80 . 76 . 72 . 68 . 64 ...

La première progression est croissante, sa raison est $+2$
La seconde est décroissante, sa raison est -4.

109. 1re Propriété. Dans une progression arithmétique, un terme de rang quelconque égale le premier, plus autant de fois la raison qu'il y a de termes avant lui.

Soit la progression

$\div$ a . b . c . d . e . f . g . h ...... n .

Par définition, le second terme b égale le premier plus la raison que nous désignerons par r. soit $\qquad b = a + r$.

Par définition aussi le troisième terme c égale le second b plus la raison ; mais b égale $a+r$, donc $\qquad c = a + 2r$

De même le quatrième terme d égale le troisième c plus la raison ; mais c égale $a + 2r$, donc $\qquad d = a + 3r$.

et ainsi de suite.

On voit que le second terme égale le premier, plus la raison ;

le troisième égale le premier plus deux fois la raison ;

le quatrième égale le premier, plus trois fois la raison.

En général, désignant par n un terme de rang quelconque et par p le premier terme de la progression, on a :

$$n = p + (n-1)r.$$

De cette propriété il résulte qu'une progression arithmétique

$$\div\ a\ .\ b\ .\ c\ .\ d\ .\ e\ .\ f\ \ldots\ldots\ldots\ n$$

peut s'écrire : $\div\ a\ .\ ar\ .\ a+2r\ .\ a+3r\ \ldots\ldots\ a+(n-1)r$.

Applications. 1° Trouver le 30° nombre impair :

Les nombres impairs forment une progression,

$$\div\ 1\ .\ 3\ .\ 5\ .\ 7\ .\ 9\ \ldots\ldots\ \text{dont la raison est } 2.$$

On aura donc $\qquad 30^{\text{ème}} = 1 + 29 \times 2 \quad$ ou $\quad 59.$

2° Trouver le 21ᵉ terme de la progression.

$$\div\ 80\ .\ 75\ .\ 70\ .\ 65\ .\ 60\ldots$$

On aura : $\qquad 21^e = 80 + 20 \times (-5) \quad$ ou -20

110. 2ᵉ Propriété. Dans une progression arithmétique, deux termes également distants des extrêmes ont une somme égale à la somme des extrêmes.

Soit la progression.

$$\div\ a\ .\ b\ .\ c\ .\ d\ .\ e\ .\ f\ .\ g\ .\ h\ .\ i.$$

Considérons les termes c et g qui sont à égale distance des extrêmes.

On a (N° 109) $\qquad c = a + 2r \qquad$ (1)

On a aussi $i = g + 2r$, d'où $\quad g = i - 2r.$ (2)

Ajoutons les égalités (1) et (2) il vient

$$c + g = a + 2r + i - 2r \quad\text{ou}\quad a + i.$$

En général, soient g et k deux termes de rangs tels, qu'il y ait m termes avant g et m termes après k, p et d étant les extrêmes, on aura :

$$g = p + (m-1)r \qquad (1)$$

et $\qquad d = k + (m-1)r$, d'où $\quad k = d - (m-1)r.$ (2)

Ajoutons les égalités (1) et (2), on trouve après réduction :

$$g + k = p + d.$$

Remarque. Lorsque le nombre des termes de la progression est impair, deux fois le terme du milieu égale la somme des extrêmes.

111. **3ᵉ propriété.** La somme des termes d'une progression arithmétique égale la demi-somme des extrêmes multipliée par le nombre des termes.

Soit la progression $\quad \div\, a \cdot b \cdot c \cdot d \cdot e \cdot f.$

On a $\qquad\qquad S = a + b + c + d + e + f$

On a aussi $\qquad\quad S = f + e + d + c + b + a.$

Ajoutons membre à membre

$$2S = (a+f) + (b+e) + (c+d) + (d+c) + (e+b) + (f+a).$$

Chaque parenthèse renferme, soit les deux extrêmes, soit deux termes également distants des extrêmes. Ces parenthèses sont donc égales (N° 110) et il y en a autant que la progression compte de termes.

On peut donc écrire $\qquad 2S = (a+f)6$

d'où $\qquad\qquad S = \dfrac{(a+f)6}{2}.$

En appelant p le premier terme, d le dernier et n le nombre de termes, on a :

$$S = \frac{(p+d)n}{2} \qquad\qquad (1)$$

Remarque. Si dans la formule (1) on remplace le n^{me} terme d, par sa valeur $p+(n-1)r$, on trouve :

$$S = \frac{[p+p+(n-1)r]n}{2} = np + \frac{(n-1)nr}{2} \qquad (2)$$

Cette seconde formule permet de calculer la somme des termes d'une progression, sans qu'il soit nécessaire de connaître le dernier.

Applications, 1°. Trouver la somme des termes de la progression $\quad \div\, 3 \cdot 8 \cdot 13 \cdot 18 \ldots\ldots$ composée de 41 termes.

Pour appliquer la formule (1) il faut connaître le 41ᵉ terme.

$$41^e = 3 + 5\times 40, \quad \text{ou} \quad 203$$
$$S = \frac{(3+203)41}{2}, \quad \text{ou} \quad 4223.$$

La formule (2) donne immédiatement

$$S = 41\times 3 + \frac{40\times 41\times 5}{2}, \quad \text{ou} \quad 4223.$$

2° Trouver la somme des n premiers nombres impairs.

$$\div\, 1 \cdot 3 \cdot 5 \cdot 7 \cdot 9 \ldots\ldots$$

La formule (2) donne :

$$S = n\times 1 + \frac{(n-1)n\times 2}{2} = n + n^2 - n = n^2.$$

Ainsi la somme des n premiers nombres impairs est égale au carré de n.

D'après cela les 20 premiers nombres impairs ont pour somme 400.

112 On appelle moyens arithmétiques ou différentiels, des nombres qui forment avec deux nombres donnés une progression arithmétique dont les nombres donnés sont les extrêmes.

Problème. Insérer entre p et d m moyens arithmétiques. Cherchons la raison de la progression.

Cette progression aura $m + 2$ termes, savoir les m moyens, plus les deux termes donnés.

Donc $$d = p + (m+1)r \quad \dots \quad (\text{N° } 109).$$

d'où $$r = \frac{d - p}{m + 1}.$$

Ainsi la raison de la progression s'obtient en divisant le dernier terme diminué du premier par le nombre des moyens à insérer plus un.

Applications. 1° Insérer entre 2 et 24 10 moyens arithmétiques.

On a : $$r = \frac{24 - 2}{11} = 2.$$

La progression sera :

2 . 4 . 6 . 8 . 10 . 12 . 14 . 16 . 18 . 20 . 22 . 24 .

2° Insérer entre 80 à 50 , 5 moyens arithmétiques.

On a . . . . $$r = \frac{50 - 80}{6} = -5$$

La progression sera :

80 . 75 . 70 . 65 . 60 . 55 . 50 .

113 Remarque. Si entre les différents termes d'une progression arithmétique on insère un même nombre de moyens, les progressions partielles ainsi obtenues forment une seule et même progression.

En effet la raison de ces progressions est la même, puisque, pour chacune d'elles, on l'obtient en divisant la différence constante de deux termes consécutifs, par le nombre de moyens à insérer plus un. De plus, le dernier terme de la première progression est le premier de la seconde, le dernier de la seconde est le premier de la troisième, et ainsi de suite. Donc toutes ces progressions partielles forment une seule et même progression.

Progressions géométriques.

114. Une progression géométrique est une suite de termes tels que le quotient d'un terme quelconque par celui qui le précède est constant. Ce quotient est appelé raison de la progression.

Une progression est croissante lorsque la raison est plus grande que l'unité ; elle est décroissante lorsque la raison est une fraction.

Exemples
$$\div\ 1 : 2 : 4 : 8 : 16 : 32 : 64 \ldots$$
$$\div\ 81 : 27 : 9 : 3 : 1 : 1/3 : 1/9 \ldots$$

La première progression est croissante ; sa raison est $+2$.
La seconde est décroissante ; sa raison est $1/3$.

115. 1re Propriété. Dans une progression géométrique, un terme de rang quelconque est égal au premier multiplié par la raison élevée à une puissance marquée par le nombre des termes qui précèdent.

Soit la progression. $\div\ a : b : c : d : e : f : g : \ldots$

Par définition, le second terme b égale le premier a multiplié par la raison que nous désignerons par q ; soit $b = aq$.

Par définition aussi, le troisième terme c égale le second b multiplié par la raison ; mais $b = aq$, donc $\ldots$ $c = aq^2$

De même, le quatrième terme d égale le troisième c, multiplié par la raison ; mais $c = aq^2$ donc $\ldots$ $d = aq^3$; et ainsi de suite.

On voit que le 2e terme égale le 1er multiplié par la raison, que le 3e égale le 1er multiplié par la seconde puissance de la raison ; que le 4e égale le 1er multiplié par la troisième puissance de la raison.

En général, désignant par n un terme de rang quelconque et par p le premier terme de la progression, on a :
$$n = pq^{n-1}$$

De cette propriété, il résulte qu'une progression géométrique.
$$\div\ a : b : c : d : e : f : g : \ldots$$
peut s'écrire $\div\ a : aq : aq^2 : aq^3 : aq^4 \ldots\ldots aq^{n-1}$

Applications, 1° trouver le 11e terme de la progression $\div 1 : 2 : 4 : 8$.
On aura :   11e terme $= 1 \times 2^{10}$, ou 1024
2° trouver le 9e terme de la progression $\div 9 : 3 : 1 : 1/3 \ldots$
On aura :   9e terme $= 9 \times \left(\tfrac{1}{3}\right)^8$, ou $\dfrac{1}{729}$

116. 2ᵉ *Propriété*. Deux termes également-distants des extrêmes ont un produit égal au produit des extrêmes.

Soit la progression :

$$\div\ a : b : c : d : e : f : g : h : i.$$

Considérons les termes d et f qui sont à égale distance des extrêmes. On a (nᵉ 115) :

$$d = aq^3 \qquad (1)$$

On a aussi $i = fq^3$, d'où $f = \dfrac{i}{q^3}$. $\qquad (2)$

Multiplions membre à membre les égalités (1) et (2), il vient :

$$df = \frac{aq^3 i}{q^3}, \text{ ou } ai. \qquad \text{Donc....}$$

En général, soient g et k, deux termes de rangs tels qu'il y ait m termes avant g et m termes après k, p et d étant les extrêmes ; on aura :

$$g = pq^{m-1} \qquad (1)$$

et $d = kq^{m-1}$ d'où $k = \dfrac{d}{q^{m-1}}$. $\qquad (2)$

Multiplions l'une par l'autre les égalités (1) et (2)

$$gk = pq^{m-1} \times \frac{d}{q^{m-1}}, \text{ ou } pd.$$

Remarque. Lorsque le nombre des termes de la progression est impair, le carré du terme du milieu égale le produit des extrêmes.

117. 3ᵉ *Propriété*. La somme des termes d'une progression géométrique égale le dernier multiplié par la raison, moins le premier, le tout divisé par la raison diminuée de un.

Soit la progression $\qquad \div\ p : pq : pq^2 : pq^3 : pq^4$.

On a évidemment

$$S = p + pq + pq^2 + pq^3 + pq^4 \qquad (1)$$

Multiplions par la raison q les deux membres de l'égalité.

$$qS = pq + pq^2 + pq^3 + pq^4 + pq^5 \qquad (2)$$

Retranchons l'équation (1) de l'équation (2)

$$qS - S = pq + pq^2 + pq^3 + pq^4 + pq^5 - p - pq - pq^2 - pq^3 - pq^4$$

ou $\qquad S(q-1) = pq^5 - p.$

d'où . . . . . $S = \dfrac{pq^5 - p}{q-1}.$ $\qquad (3)$

Or $pq^5 - p$ est le dernier terme pq^4 multiplié par la raison et diminué du premier p, et $q-1$ est la raison diminuée de l'unité. Donc....

Remarque. La formule (3) peut s'écrire

$$S = \frac{p(q^5 - 1)}{q - 1}.$$

ou d'une manière générale . $S = \dfrac{p(q^n - 1)}{q - 1}$. (4).

Elle permet de calculer la somme des termes sans qu'il soit nécessaire de connaître le dernier.

Applications 1°. Trouver la somme des 10 premiers termes de la progression $\div 2 : 4 : 8 : 16 \ldots$

La formule (4) donne $S = \dfrac{2(2^{10} - 1)}{2 - 1}$, ou 2046

2° Trouver la somme des 8 premiers termes de la progression $\div 27 : 9 : 3 : \ldots$

La formule (4) donne

$$S = \frac{27\left[\left(\frac{1}{3}\right)^8 - 1\right]}{\frac{1}{3} - 1} = \frac{27\left(-\frac{6560}{6561}\right)}{-\frac{2}{3}} = \frac{27 \times 6560 \times 3}{6561 \times 2} = \frac{3280}{81}.$$

118. Cherchons la limite, c'est-à-dire la grandeur fixe vers laquelle tend la somme d'une progression géométrique décroissante.

On a d'une manière générale … $S = \dfrac{pq^n - p}{q - 1}$

changeons les signes des deux termes du second membre, il vient :

$$S = \frac{p}{1 - q} - \frac{p}{1 - q} \times q^n.$$

Sous cette forme, on voit que la somme se compose d'une partie fixe $\frac{p}{1-q}$ et d'une partie variable $-\frac{p}{1-q} \times q^n$, laquelle tend vers zéro, lorsque n croît indéfiniment ; car la raison q est une fraction et le facteur q^n est d'autant plus petit que n est plus grand. Donc la somme des termes tend vers $\frac{p}{1-q}$.

Ainsi la limite de la somme des termes d'une progression géométrique décroissante égale le 1er terme divisé par l'unité moins la raison.

Applications 1° Trouver la limite de la somme des termes de la progression $\div 4 : 2 : 1 : \frac{1}{2} \ldots$

On a , limite égale $\dfrac{4}{1 - \frac{1}{2}}$ ou 8.

2° Trouver la limite de la fraction périodique . $0,54545454\ldots$

Cette fraction peut se mettre sous la forme

$$\div \frac{54}{100} : \frac{54}{100^2} : \frac{54}{100^3} : \frac{54}{100^4} : \frac{54}{100^5} : \frac{54}{100^6} \ldots$$

C'est une progression géométrique décroissante dont la raison est $\frac{1}{100}$

On aura donc limite $= \dfrac{\frac{54}{100}}{1 - \frac{1}{100}}$, ou $\dfrac{54}{99}$.

119. On appelle moyens géométriques ou proportionnels, des nombres qui forment avec deux nombres donnés une progression géométrique dont les nombres donnés sont les extrêmes.

Problème. Insérer entre p et d, m moyens géométriques. Cherchons la raison de la progression.

Cette progression aura $m+2$ termes, savoir les m moyens et les deux termes donnés.

D'après cela, $d = pq^{m+1}$ (N° 115).

d'où $q = \sqrt[m+1]{\dfrac{d}{p}}$.

Ainsi on obtient la raison en extrayant du quotient du dernier terme par le premier, une racine marquée par le nombre des moyens à insérer plus un.

Applications. 1° Insérer entre 2 et 162, 3 moyens géométriques. On a $q = \sqrt[4]{\dfrac{162}{2}} = \sqrt[4]{81}$, ou 3.

La progression est $\div 2 : 6 : 18 : 54 : 162$.

2° Insérer entre 1024 et 16, 2 moyens géométriques. On a $q = \sqrt[3]{\dfrac{16}{1024}} = \sqrt[3]{\dfrac{1}{64}}$, ou $\frac{1}{4}$.

La progression est $\div 1024 : 256 : 64 : 16$.

120. *Remarque.* Si entre les différents termes d'une progression géométrique on insère un même nombre de moyens, les progressions partielles ainsi obtenues forment une seule et même progression.

En effet, la racine de ces progressions est la même, puisque, pour chacune d'elles, on l'obtient en extrayant du quotient constant de deux termes consécutifs une racine marquée par le nombre de moyens à insérer plus un. De plus, le dernier terme de la première progression est le premier de la seconde, le dernier de la seconde est le premier de la troisième, et ainsi de suite. Donc toutes ces progressions partielles formeront une seule et même progression.

Exercices sur les progressions.

I. Combien faut-il prendre de termes d'une progression arithmétique dont le 1er terme est $\frac{1}{2}$ et la raison $\frac{1}{3}$ pour que la somme des termes soit 48 ? (Baccalauréat).

En appliquant la formule $S = np + \dfrac{(n-1)nr}{2}$ du N° 111, il vient

$$48 = \frac{n}{2} + \frac{(n-1)n}{6}$$

ou $n^2 + 2n - 288 = 0$.

d'où $n = 16$, la racine négative n'étant pas admissible.

II Trouver 5 nombres en progression par différence, connaissant leur somme $5A = 15$ et leur produit $P^5 = 120$. (Proposé dans le manuel des conducteurs des Ponts-et-Chaussées).

Soient x le terme du milieu et r la raison ; la progression sera : $\div (x-2r) \cdot (x-r) \cdot x \cdot (x+r) \cdot (x+2r)$

On aura pour première équation.

$$x - 2r + x - r + x + x + r + x + 2r = 5A.$$

$$\text{d'où} \quad x = A \text{ ou } 3$$

et pour seconde équation

$$(x-2r)(x-r)x(x+r)(x+2r) = P^5$$

$$\text{ou} \quad x^5 - 5x^3 r^2 + 4x r^4 = P^5$$

remplaçant x par A, il vient :

$$4Ar^4 - 5A^3 r^2 + A^5 - P^5 = 0$$

Cette équation bicarrée résolue par la méthode connue a pour racine.

$$r = \pm \sqrt{\frac{5A^3 \pm \sqrt{9A^6 + 16 A^2 P^5}}{8A}}$$

Remplaçant A et P^5 par leur valeur, on trouve :

$$r' = \pm \sqrt{10,25} \quad \text{et} \quad r'' = \pm 1$$

Les nombres demandés seront

1° $3 - 2\sqrt{10,25}$; $3 - \sqrt{10,25}$; 3 ; $3 + \sqrt{10,25}$; $3 + 2\sqrt{10,25}$.

2° $3 + 2\sqrt{10,25}$; $3 + \sqrt{10,25}$; 3 ; $3 - \sqrt{10,25}$; $3 - 2\sqrt{10,25}$.

3° $1 \, , \, 2 \, . \, 3 \, . \, 4 \, . \, 5$

4° $5 \, . \, 4 \, . \, 3 \, . \, 2 \, . \, 1$

III. Partager le nombre 195 en trois parties qui forment une progression géométrique dont le troisième terme surpasse le premier de 120 (Baccalauréat)

Soient x le premier terme et q la raison de la progression ; on a : $x + xq + xq^2 = 195$, d'où $x = \dfrac{195}{1 + q + q^2}$.

$$xq^2 - x = 120 \; , \quad \text{d'où} \; x = \frac{120}{q^2 - 1}.$$

Égalant les valeurs de x, on trouve :

$$5q^2 - 8q - 21 = 0$$

$$\text{d'où} \quad q' = 3 \quad \text{et} \quad q'' = -\tfrac{7}{5}.$$

Par suite $x = 15$ et 125.

IV. Trouver 4 nombres en progression géométrique connaissant leur somme $A = 15$, et celle $B^2 = 85$ de leurs carrés (proposé dans le manuel des conducteurs des Ponts-et-chaussées).

Soient x le premier terme et q la raison de la progression

On a : $A = x + xq + xq^2 + xq^3 = x(1 + q + q^2 + q^3)$

or $1 + q + q^2 + q^3$ est le quotient de $q^4 - 1$ par $q - 1$.

donc . $A = x\left(\dfrac{q^4 - 1}{q - 1}\right)$, d'où $x^2 = \dfrac{A^2(q-1)^2}{(q^4-1)^2}$ $\qquad$ (1)

On a aussi : $B^2 = x^2 + x^2 q^2 + x^2 q^4 + x^2 q^6 = x^2(1 + q^2 + q^4 + q^6)$

or $1 + q^2 + q^4 + q^6$ est le quotient de $q^8 - 1$ par $q^2 - 1$.

donc . $B^2 = x^2\left(\dfrac{q^8 - 1}{q^2 - 1}\right)$, d'où $x^2 = \dfrac{B^2(q^2-1)}{q^8-1}$.

Égalant les valeurs de x^2, il vient :

$$\frac{A^2(q-1)^2}{(q^4-1)^2} = \frac{B^2(q^2-1)}{q^8-1} .$$

qu'on peut écrire :

$$\frac{A^2(q-1)(q-1)}{(q^4-1)(q^4-1)} = \frac{B^2(q+1)(q-1)}{(q^4+1)(q^4-1)} .$$

Supprimons le facteur $\dfrac{q-1}{q^4-1}$, commun aux deux membres -

$$\frac{A^2(q-1)}{q^4-1} = \frac{B^2(q+1)}{q^4+1}$$

Mais $q^4 - 1 = (q^2+1)(q^2-1) = (q^2+1)(q+1)(q-1).$

et l'équation précédente devient :

$$\frac{A^2(q-1)}{(q^2+1)(q+1)(q-1)} = \frac{B^2(q+1)}{q^4+1} .$$

Supprimant le facteur $q-1$ commun aux deux termes de la première fraction et chassant les dénominateurs, il vient :

$$(A^2 - B^2)q^4 - 2B^2 q^3 - 2B^2 q^2 - 2B^2 q + (A^2 - B^2) = 0$$

Remplaçant A^2 et B^2 par leur valeur, on trouve :

$$140 q^4 - 170 q^3 - 170 q^2 - 170 q + 140 = 0.$$

ou $\qquad q^4 - \dfrac{17}{14} q^3 - \dfrac{17}{14} q^2 - \dfrac{17}{14} q + 1 = 0.$

C'est une équation réciproque du quatrième degré. En la résolvant
par la méthode donnée au N° 102, on trouve pour q deux valeurs
réelles : $q' = 2$, $q'' = \frac{1}{2}$. et deux valeurs imaginaires . Ces valeurs
$q' = 2$ et $q'' = \frac{1}{2}$ portées dans l'équation (1) donnent : $x = 1$ et $x = 8$.

Les progressions qui satisfont à l'énoncé sont :

$1°$ $\div$ $1 : 2 : 4 : 8 \ldots$ $\quad$ $2°$ $\div$ $8 : 4 : 2 : 1$

Des Logarithmes.

121. On appelle logarithmes des nombres en progression
arithmétique correspondant terme à terme à d'autres nombres

en progression géométrique avec la condition que la première progression commence par zéro et la seconde par l'unité.

Plus généralement les deux progressions servant à définir les logarithmes peuvent être prolongées indéfiniment dans les deux sens ; l'une doit renfermer le terme zéro, l'autre le terme un, et ces termes doivent se correspondre.

Soient les progressions :

$$\div 1 : q : q^2 : q^3 : q^4 : q^5 : q^6 : q^7 \ldots \ldots q^n$$
$$\div 0 . r . 2r . 3r . 4r . 5r . 6r . 7r \ldots \ldots nr.$$

Par définition, 0 est le logarithme de 1, r celui de q, $2r$ celui de q^2, $3r$ celui de $q^3 \ldots nr$ celui de q^n.

On voit 1° que la progression géométrique renferme toutes les puissances de la raison.

2° Que la progression arithmétique contient tous les multiples de la raison.

3° Que le nombre qui sert d'exposant à un terme quelconque de la progression géométrique sera le coefficient au terme correspondant de la progression arithmétique.

122. D'après la définition donnée $N°121$, les nombres qui font partie de la progression géométrique seraient les seuls qui auraient un logarithme. Mais si l'on insère un très-grand nombre de moyens géométriques entre les différents termes de la première progression et un même nombre de moyens arithmétiques entre les différents termes de la seconde, chaque moyen de la progression arithmétique sera aussi le logarithme du terme correspondant de la progression géométrique, et on conçoit qu'on peut insérer un nombre assez grand de moyens pour que les termes des deux progressions croissent par degrés insensibles et diffèrent d'aussi peu qu'on voudra les uns des autres. On regarde alors comme valant $2.3.4.5\ldots100$ les nombres de la progression géométrique qui approchent le plus de 2 de 3, de 4 ... de 100, et les nombres correspondants de la progression arithmétique sont leurs logarithmes. Ainsi tout nombre a son logarithme.

Propriétés des Logarithmes.

123. 1ʳᵉ Propriété. Le logarithme d'un produit égale la

somme des logarithmes des facteurs de ce produit.

Soient les progressions :

$$\div \quad 1 : q : q^2 : q^3 : q^4 : q^5 : q^6 \quad . \quad . \quad . \quad q^n$$

$$\div \quad 0 \, . \, r \, . \, 2r \, . \, 3r \, . \, 4r \, . \, 5r \, . \, 6r \quad . \quad . \quad . \quad nr.$$

Considérons dans la première progression 2 termes quelconques q^4 et q^6, dont les logarithmes sont respectivement $4r$ et $6r$.

Le produit de q^4 par q^6 est q^{10} ($N^o 16$) et se trouve dans la progression géométrique puisqu'elle contient toutes les puissances de la raison. La somme des 2 logarithmes est $4r + 6r$ ou $10r$ et se trouve aussi dans la progression arithmétique puisqu'elle renferme tous les multiples de la raison ; or ($N^o 121, 3^o$) le terme $10r$ sera placé au-dessous de q^{10}. Donc il en sera le logarithme.

De même le logarithme du produit $q^3 \times q^5 \times q^8$ sera $3r + 5r + 8r$ ou $16r$.

En général logarithme $abc = \log a + \log b + \log c$.

124. 2ᵉ Propriété. Le logarithme d'un quotient égale le logarithme du dividende moins le logarithme du diviseur.

Soit le quotient $q = \dfrac{A}{B}$.

On a : $q . B = A.$

et d'après la première propriété,

$$\log q + \log B = \log A.$$

d'où $\qquad \log q = \log A - \log B.$

125. 3ᵉ Propriété. Le logarithme d'une puissance d'un nombre égale le logarithme de ce nombre multiplié par l'indice de la puissance.

On a en effet $\qquad A^5 = A \times A \times A \times A \times A.$

ou $\quad \log A^5 = \log A + \log A + \log A + \log A + \log A = 5 \log A.$

En général $\qquad \log A^n = n \log A.$

126. 4ᵉ Propriété. Le logarithme d'une racine d'un nombre égale le log. de ce nombre divisé par l'indice de la racine.

Soit $\qquad R = \sqrt[3]{A}.$

d'où $\qquad R^3 = A.$

et d'après la troisième propriété.

$$3 \log. R = \log. A.$$

d'où
$$\log. R = \frac{\log. A}{3}.$$

Remarque. L'application des propriétés que nous venons d'établir simplifie beaucoup les calculs et permet de remplacer une multiplication par une addition, une division par une soustraction, une élévation de puissance par une multiplication et une extraction de racine par une division.

Des logarithmes vulgaires

127. De la définition du N° 121 il résulte qu'il y a une infinité de systèmes de logarithmes, et que, dans tous ces systèmes, le logarithme de 1 est 0.

On appelle base d'un système de logarithmes, le nombre qui a pour logarithme 1 dans ce système.

L'inventeur des logarithmes, le baron écossais Néper, partait des progressions

$$\div \quad 1 : (1+\alpha) : (1+\alpha)^2 : (1+\alpha)^3 : (1+\alpha)^4 \ldots \ldots (1+\alpha)^n$$
$$\div \quad 0 \ . \ \alpha \ . \ 2\alpha \ . \ 3\alpha \ . \ 4\alpha \ldots \ldots n\alpha.$$

dans lesquelles α est une quantité très-petite ; le système ainsi formé prit le nom de Logarithmes népériens ou hyperboliques. La base de ce système est un nombre incommensurable désigné par la lettre e et dont les premiers chiffres sont $2,718281828\ldots$

128. Les logarithmes vulgaires, plus commodes pour les calculs pratiques que les logarithmes népériens, ont pour base le nombre 10 et sont définis par les progressions.

$$\div \quad 1 : 10 : 100 : 1000 : 10\,000 : 100\,000 \ldots \ldots 10^n$$
$$\div \quad 0 \ . \ 1 \ . \ 2 \ . \ 3 \ . \ 4 \ . \ 5 \ldots \ldots n.$$

Dans ce système, on voit 1° Que le logarithme de 10 est 1, celui de 100 est 2, celui de 1000 est 3. En général celui de 10^n est n.

2° Que tout nombre compris entre 1 et 10 a son logarithme plus grand que zéro et plus petit que un, que tout nombre compris entre 10 et 100 a son logarithme plus grand que 1 et plus petit que 2, que tout nombre compris entre 100 et 1000 a son logarithme plus grand que 2 et plus petit que 3, et ainsi de suite ; d'où il résulte que le logarithme d'un nombre plus grand que 1 est généralement composé d'une partie entière nommée caractéristique et d'une partie appelée mantisse par les Allemands, et que la caractéristique contient autant d'unités que le nombre a de chiffres à sa partie entière, moins un.

3° Que le logarithme d'un nombre 10 fois, 100 fois, 1000 fois, etc plus grand ou plus petit qu'un autre est le même que celui de cet autre nombre quant à la partie décimale, et n'en diffère que par la caractéristique.

Cette dernière conséquence se démontre comme il suit : pour multiplier un nombre par 10, par 100, par 1000 etc, il suffit d'ajouter au logarithme de ce nombre les logarithmes de 10, de 100, de 1000° ... lesquels n'ont point de partie décimale. Donc le logarithme du produit ne différera de celui du multiplicande que par la caractéristique.

De même pour diviser un nombre par 10, par 100, par 1000 ... il suffit de retrancher du logarithme de ce nombre, les logarithmes de 10, de 100, de 1000 .... lesquels n'ont point de partie décimale. Donc le logarithme du quotient ne différera de celui du dividende que par la caractéristique.

129. Si l'on prolonge dans les deux sens les progressions

$$0,0001 : 0,001 : 0,01 : 0,1 : 1 : 10 : 100 : 1000 : 10000 \ldots$$
$$-4 \ . \ -3 \ . \ -2 \ . \ -1 \ . \ 0 \ . \ 1 \ . \ 2 \ . \ 3 \ . \ 4 \ . \ldots$$

on voit que les nombres plus petits que l'unité ont des logarithmes négatifs. Cependant pour faciliter les calculs, on rend positive la partie décimale du logarithme de sorte que la caractéristique seule est négative.

Exemple. Soit le logarithme négatif $-2,69897$. On peut écrire.

$$-2,69897 = -3 + (1 - 0,69897).$$

et en effectuant la soustraction indiquée dans la parenthèse, on trouve $-2,69897 = -3 + 0,30103$ ou $\overline{3},30103$

130. Remarque 1. A l'inspection des deux progressions qui précèdent on voit qu'un nombre compris entre 0,1 et 1 a un logarithme plus grand que -1 et plus petit que 0, de même un nombre compris entre 0,01 et 0,1, entre 0,001 et 0,01 etc

ont un logarithme compris entre −2 et −1, entre −3 et −2, etc. Les logarithmes de ces nombres se composent donc d'une partie entière négative, ayant autant d'unités qu'il y a de zéros avant le premier chiffre significatif en y comprenant celui qui tient la place des unités, et d'une partie décimale positive.

Remarque, II. Les nombres négatifs n'ont pas de logarithmes; car la progression géométrique qui sert à définir les logarithmes vulgaires n'a aucun terme négatif.

Des tables de Logarithmes.

131. Il existe différentes tables de Logarithmes; les unes appelées grandes tables donnent les logarithmes des 100 000 ou des 108 000 premiers nombres avec 7 décimales; en France, celles de Callet sont les plus usitées. Les autres nommées petites tables renferment les logarithmes de 10 800 premiers nombres avec 5 décimales; et bien que ces dernières donnent une approximation moins grande dans les calculs, elles sont cependant plus usuelles que les premières.

Dans toutes ces tables, des colonnes spéciales contiennent les différences qui existent entre les logarithmes de deux nombres consécutifs. Une disposition plus heureuse imaginée par MM. Bourget et F. René (1) consiste à supprimer ces colonnes et à les remplacer par les deux ou trois différences qu'il y a entre les divers logarithmes d'une même page et qu'on écrit alors au bas de cette page; de cette manière le texte est moins chargé et la lecture est beaucoup plus facile. Certaines tables, celles de Dupuis, de Houël, etc. ne donnent pas les caractéristiques: c'est une simplification, car la seule inspection d'un nombre fait connaître la partie entière de son logarithme. (Nᵒˢ 128 et 130).

132. Pour se servir avantageusement d'une table de logarithmes, il faut savoir résoudre les deux questions suivantes:
Trouver le logarithme d'un nombre donné.
Trouver le nombre qui correspond à un logarithme donné.

1° Trouver le logarithme d'un nombre donné.

Table de Logarithmes à 5 décimales. Chez Blériot, quai des Grands-Augustins, 55, à Paris.

Nous supposons qu'on a une petite table à 5 décimales. Si le nombre est inférieur à 10000, on lit immédiatement dans la table le logarithme correspondant.

Ainsi on voit que le log. de 6843 est 3,835 25.

De même le logarithme de 6,843 est 0,835 25, car il ne diffère de celui de 6843 que par la caractéristique (N° 128, 3°).

Si le nombre, abstraction faite de la virgule s'il est fractionnaire, dépasse la limite de la table, on détermine d'abord la caractéristique, puis on le divise par 10, ou par 100, ou par 1000 etc., de manière à avoir un nombre entier, et le plus grand possible, compris dans la table ; enfin on cherche la partie décimale du logarithme du nombre ainsi divisé, en tenant compte des différences tabulaires.

Soit à calculer le logarithme de 24 647.

Ce nombre ayant 5 chiffres, la caractéristique de son logarithme est 4.

Divisons 24 647 par 10 ; ce qui donne 2 464,7.

Cherchons dans la table la partie décimale du logarithme de 2464, on trouve 0,391 64.

La différence entre les logarithmes de 2464 et de 2465 étant 18 unités du cinquième ordre, on dira, en regardant les accroissements des logarithmes comme étant sensiblement proportionnels aux accroissements des nombres : Pour 1 entier de différence dans les nombres, il y a un accroissement de 18 dans les logarithmes, pour une différence de 0,7 dans les nombres, il y aura un accroissement de x dans les logarithmes

$$\text{ou} \qquad \frac{1}{18} = \frac{0,7}{x}$$

d'où $x = 13$, à une unité près du cinquième ordre. On ajoute ces 13 cent millièmes à 0,39164 et on a 4,391 77 pour le logarithme de 24 647.

Soit encore à trouver le logarithme de 0,0478533.

La caractéristique du logarithme sera $\bar{2}$ (N° 130).

Mettons la virgule après le chiffre 5, on a : 4785,33

Le logarithme de 4785 a pour partie décimale 0,679 88.

La différence entre les logarithmes des nombres 4785 et 4786, étant 9 unités du cinquième ordre, on dira :

Pour 1 entier de différence dans les nombres, il y a une augmentation de 9 dans les logarithmes, pour une différence de 0,33 dans les nombres, il y aura une augmentation de x dans les log.

ou $$\frac{1}{9} = \frac{0,33}{x}$$

on trouve à une unité près du 5ᵉ ordre . $x = 3$.

et le log. de 0.0478 533 est . . . . . $\bar{2}, 679 91$.

Dans certaines tables , le calcul des parties propor-tionnelles est effectué et se trouve indiqué dans une colonne spéciale.

2º Trouver le nombre qui correspond à un logarithme donné.

Soit à trouver le nombre qui correspond au logarithme 0, 883 95.

On cherche dans la table la partie décimale 0.883 95 comme si elle était précédée de la caractéristique 3 ; et on trouve qu'elle est en regard du nombre 7655 . La caractéristique 2 du loga-rithme proposé indique que le nombre demandé a 3 chiffres à sa partie entière ; ce nombre est donc 765, 5.

Soit encore à trouver le nombre qui correspond au log. 4, 55575. On cherche dans la table la partie décimale du logarithme comme si elle était précédée de la caractéristique 3 . Cette partie ne se trouve pas dans la table ; mais on voit qu'elle est comprise entre 3. 555 70 , log. de 3595 et 3, 555 82 , log de 3596 . La différence tabulaire est 12 , et celle qui existe entre le log. don-né 55575 et le log. immédiatement inférieur 55570 est 5 . On dira : Si le log. 55570 augmente de 12 unités du 5ᵉ ordre, le nombre 3595 croît de 1 , si le logarithme augmente de 5 . le nombre croîtra de x .

ou $$\frac{12}{1} = \frac{5}{x}$$

On trouve à un centième près $x = 0,41$ qu'on ajoute à 3595 ce qui donne 359541.

La caractéristique 4 indique que le nombre demandé a 5 chiffres à sa partie entière ; ce nombre est donc : 35 954, 1

Usage des grandes tables .

132. Nous supposons qu'on a sous les yeux la table de Callet . Dans cette table . les logarithmes des nombres inférieurs à 1200 sont donnés avec 8 décimales, ceux des nom-bres compris entre 1200 et 100 000 , avec 7 décimales ; enfin ceux des nombres compris entre 100 000 et 108000 , avec huit décimales .

Les 1200 premiers nombres et leur logarithme se li-sent immédiatement ; quant aux nombres supérieurs à 1200, et à leur logarithme, on les lit en deux fois. En effet, dans une colonne intitulée N, on voit les dizaines du nombre; ses unités se trouvent au haut de la page sur une ligne horizontale qui comprend les chiffres 0, 1, 2, 3, 4, 5, 6, 7, 8, 9. La première partie du logarithme, composée des chiffres communs aux logarithmes de plusieurs nombres, se lit dans la colonne 0 et la seconde partie se trouve au-dessous du chiffre des unités et dans la colonne horizontale correspondant aux dizaines.

Ainsi pour obtenir le log. du nombre 19 206, on écrit d'abord la caractéristique 4 qui n'est pas dans la table, puis on lit en regard de 1920 les 3 premiers chiffres décimaux 283; enfin, au-dessous de 6, on trouve les 4 derniers 4369; le logarithme de 19 206 est donc 4,283 436 9.

De même le log de 19 450 dont la caractéristique est 4 se compose de 288 qu'on lit en regard de 1945, et des quatre derniers chiffres 9196, qu'on trouve dans la colonne verticale intitulée 0 ; ce log. est donc . . . . 4.288 194 5.

Pour trouver le log. du nombre 348,567 dont la caractéristique est 2, on porte la virgule après le 6, et on cherche le log. de 34856 qui est ,542 277 5; la différence entre les log. des nombres 34 856 et 34 857 est 125; au lieu de calculer l'augmentation pour 0,7 en posant la proportion $\frac{1}{125} = \frac{0,7}{x}$, on trouve immédiatement le résultat du calcul dans un petit tableau marqué 125 ; en effet, dans ce tableau, en regard de 7 on lit le nombre 88 exprimant des unités du 7e ordre qu'il faut ajouter au log. de 34 856.

Le log. du nombre 348,567 est donc 2,542 286 3

Pour le log. de 3 743 596, on trouve d'abord 6,573 277 8 La différence entre les log. de 37435 et 37436 est 116 ; il faut calculer l'augmentation que subit le log. pour 0,96.

Le tableau intitulé 116 donne pour 0,9 104
et pour, 0,6 ,70 ; d'où pour 0,06 on aura . . . . __7__
donc, pour 0,96 l'augmentation sera 111
qu'il faut ajouter à 6.573 277 8.

Par suite, le log. du nombre 3 743 596 sera : 6,573 288 9

Soit maintenant à trouver le nombre correspondant au log. 5,680 462 4.

On cherche d'abord 680 parmi les nombres isolés de la colonne 0, puis 4624 dans les colonnes horizontales comprises entre 680 et 681 et on voit que 4624 correspond à 4 qui est le chiffre des unités ; en suivant la colonne horizontale qui renferme 4624, on arrive à droite, au nombre 4791 exprimant les dizaines du nombre cherché : ce nombre est donc 47 914.

Soit encore à trouver le nombre correspondant au log. 0,059 7809.

Cherchons d'abord 059 parmi les nombres isolés de la colonne 0, puis dans les colonnes horizontales comprises entre 059 et 060, cherchons le nombre qui s'approche le plus par défaut de 7809 ; ce nombre est 7527, lequel correspond à 5 qui est le chiffre des unités ; en suivant la colonne horizontale qui renferme 7527, on arrive, à droite, au nombre 1147 exprimant les dizaines. Le nombre demandé est donc 11475 à une unité près. Si on veut une approximation plus grande ; on cherche la différence qui existe entre 7527 et 7903 qui comprennent 7809, et celle qui existe entre 7527 et 7809 ; la première est 376, la seconde 282. On regarde ensuite dans le tableau intitulé 376-377 entre quels nombres est compris 282 ; on voit que c'est entre 264 et 302 ; le chiffre 7 correspondant à 264 exprime les dixièmes du nombre cherché. Pour obtenir des centièmes on cherche la différence qui existe entre 282 et 264 et on trouve 018 ; si c'était 180 le tableau donnerait 5 dixièmes, 018 donnera donc 5 centièmes : on a ainsi trouvé 11475 75, et comme la caractéristique est 0, le nombre demandé est 1.147575.

Exemples de calculs faits par logarithmes.

133. 1° Soit à additionner le log. 3,872 45
avec le logarithme . . . . $\overline{2}$,954 19
on trouve : . . 2,826 64

Après avoir dit : 8 et 9 font 17 et 1 de retenue, 18, j'écris 8 et je retiens 1 ; on ajoute : 1 de retenue et 3 font 4, 4 et 2 font 2 ; le résultat est donc 2,826 64.

2° Soit à soustraire du log. 0,936 76
    le logarithme   3.111 90
    on trouve . . . . . $\bar{3}$, 824 86

Après avoir dit : 1 ôté de 9 reste 8, on ajoute : 3 ôté de 10 reste -3

3° Soit encore à soustraire du log. de 1,   ou   0,000 00
    le logarithme . . . . $\bar{3}$. 391 93
    on trouve 2,608 07

Après avoir dit : 3 et 1 de retenue font 4, ~~xxxxxxx~~ 4 ôté de
10 reste 6, on ajoute : 1 de retenue et -3 font -2, -2 ôté de 0
reste +2.

4° Soit à multiplier par 3 le log. $\bar{4}$, 902 00
                                 3
        produit . . . . . $\overline{10}$, 706 00

Après avoir dit : 3 fois 9 font 27, je pose 7 et je retiens 2, on
ajoute : 3 fois -4 donne -12 , -12 et +2 de retenue font $\overline{10}$.

5° Soit à diviser par 2 le log. $\bar{1}$, 428 46.
On ajoute -1 à la caractéristique afin de la rendre divisible par 2.
puis, par compensation, on ajoute +1 à la partie décimale et on
dit : la moitié de -2 est $\bar{1}$, la moitié de 14 est 7, la moitié de
2 est 1 . . . . le quotient est donc $\bar{1}$. 714 23 .

6° Soit encore à diviser par 4, le log. $\bar{5}$, 628 29.
On ajoute -3 à la caractéristique, afin de la rendre divisible par 4,
puis, par compensation, on ajoute +3 à la partie décimale, et on dit:
le quart de -8 est $\bar{2}$, le quart de 36 est 9 . . . .
le quotient demandé est $\bar{2}$.907 07   à 1 cent millième près .

7° Soit à calculer l'expression $\frac{2}{336}$ qu'on peut mettre sous la
forme . . . . . . $2 \times \frac{1}{336}$
On a : log. $\frac{1}{336}$ = log. 1 - log. 336 = 0 - (2,526 34) = $\bar{3}$, 473 66.
Il suffit maintenant d'ajouter le log. de 2 au log. $\bar{3}$, 473 66.
    $\bar{3}$, 473 66 est le logarithme changé de signe du nombre 336,
seulement, après le changement de signe, on a rendu positive
la partie décimale. En effet -2,526 34 = $\bar{3}$ + (1 - 0,526 34).

Remarque I. Le nombre 0,47366 est le complément à 1 de la partie décimale 0,52634 du log. de 336. Ce complément s'obtient en retranchant de 9 tous les chiffres de la partie décimale, moins le premier à droite qu'on retranche de 10. Si le premier chiffre à droite est 0, c'est le chiffre significatif le plus voisin qu'on retranche de 10.

Remarque II. On voit que le log. du quotient $\frac{2}{336}$ a été obtenu en ajoutant au log. du dividende un log. ayant pour caractéristique la caractéristique du diviseur, augmentée de 1 et prise en signe contraire, et pour partie décimale, le complément à 1 de la partie décimale du diviseur.

Avec un peu d'habitude, ce complément se lit immédiatement sur la table.

Intérêts composés.

134. Une somme est placée à intérêts composés, lorsque, chaque année l'intérêt rapporté s'ajoute au capital pour produire des intérêts l'année suivante.

Appelons a, un capital placé,

" r, l'intérêt annuel d'un franc ou le $\frac{1}{100}$ du taux,

" n, le temps,

" A, le capital augmenté de ses intérêts,

1 franc devient en un an . . . . $1+r$

a francs deviendront a fois plus ou . . . $a(1+r)$.

Ainsi, en multipliant un capital quelconque par $(1+r)$, on trouve ce que ce capital devient au bout d'un an.

$a(1+r)$ est le capital qui devra produire pendant la deuxième année ; ce capital deviendra à la fin de la dite année

$$a(1+r)(1+r), \qquad \text{ou} \qquad a(1+r)^2$$

De même, $a(1+r)^2$ étant le capital qui doit produire pendant la troisième année, ce capital deviendra à la fin de la dite année,

$$a(1+r)^2(1+r), \qquad \text{ou} \qquad a(1+r)^3$$

et ainsi de suite.

Donc, après n années, la valeur du capital augmenté de ses intérêts composés sera :

$$A = a(1+r)^n \qquad (1)$$

135. Telle est la formule générale des Intérêts composés ; elle renferme 4 quantités variables. A, a, n et r ; trois de ces quantités étant connues, on peut calculer la quatrième.

Pour isoler a, il faut diviser les deux membres par $(1+r)^n$ et on trouve

$$a = \frac{A}{(1+r)^n} \qquad \text{ou } A \times \frac{1}{(1+r)^n} \qquad (2)$$

Pour isoler r, on divise par a les deux membres de l'équation (1) et on prend la racine $n^{ième}$ du quotient ; il vient

$$1+r = \sqrt[n]{\frac{A}{a}}$$

d'où

$$r = \sqrt[n]{\frac{A}{a}} - 1 \qquad (3)$$

Enfin, pour isoler n, on emploie les logarithmes et on écrit :

$$Log. A = Log. a + n\, log. (1+r)$$

d'où

$$n = \frac{Log. A - log. a}{log (1+r)} \qquad (4)$$

Toutes ces formules sont calculables par logarithmes, seulement, lorsque le logarithme de $(1+r)$ doit être répété n fois, il est bon de le prendre avec 8 ou 9 décimales, car dans les tables à 5 décimales, le dernier chiffre n'étant qu'approché, le produit du log. par n pourrait rendre l'erreur considérable ; alors, après avoir multiplié par n le log. de $(1+r)$, on ne conserve au produit que 5 chiffres décimaux, en ayant soin de forcer le dernier, si le chiffre qui suit est plus grand que 4.

Applications.

1° Trouver ce que devient une somme de 40 000 fr. placée à intérêts composés à 4.5 p%, pendant 12 ans.

La formule (1) donne :

$$A = 40000 (1,045)^{12}$$

$$
\begin{aligned}
Log. \ 40\,000 &= 4,602\ 06 \\
+\ 12\ log.\ 1,045 &= 0,229\ 40 \\
\hline
Log. A &= 4.831\ 46 \ , \quad \text{d'où } A = 67\,835,7.
\end{aligned}
$$

2° Quel est le capital qui placé à intérêts composés à 5 p% pendant 10 ans, est devenu 12 640 fr.?

La formule (2) donne
$$a = \frac{12640}{(1,05)^{10}}$$

$$\text{Log. } 12\,640 = 4,10175$$
$$-\ 10\,\text{Log}(1,05) = 0,21189$$
$$\text{Log. } a = 3,88986 \;;\; \text{d'où}\quad a = 7\,760.$$

3° Une somme de 10 000 placée à intérêts composés est devenue 20 360 fr. après 15 ans : à quel taux a-t-elle été placée ?

La formule (3) donne : $r = \sqrt[15]{\dfrac{20360}{10000}} - 1$

$$\text{Log. } 20\,360 = 4,30878$$
$$\text{Log. } 10\,000 = 4,00000$$
$$\text{Différence} \quad 0,30878$$
$$\text{Le } \tfrac{1}{15} \quad 0,02058 \;,\; \text{correspondant à } 1,049, \text{ par excès.}$$
$$\text{d'où } r = 0,049$$

et par suite le taux est 4,90.

4° Une somme de 40 000 fr. placée à intérêts composés à 4,5 p % est devenue 67 835,7 : pendant combien d'années a-t-elle été placée ?

La formule (4) donne : $n = \dfrac{\text{Log. } 67835,7 - \text{Log. } 40\,000}{\text{Log } 1,045}$

$$\text{Log. } 67835,7 = 4,83146$$
$$\text{Log. } 40\,000 = 4,60206$$
$$\text{Différence} \quad 0,22940 \;,\; \text{qu'il faut diviser par } 0,01912$$

Log. de 1,045. On trouve pour quotient 12 ans.

5° Combien faut-il de temps pour qu'une somme placée à intérêts composés es à 5 p % soit doublée ?

Si dans la formule (1) on fait $A = 2a$, il vient :
$$2a = a(1+r)^n, \quad \text{ou} \quad 2 = (1+r)^n.$$
$$\text{Log. } 2 = n\,\text{log. }(1+r)$$
$$\text{d'où } n = \frac{\text{Log } 2}{\text{Log } 1,05} = \frac{0,30103}{0,02119}.$$

En effectuant la division, on trouve un peu plus de 14 ans.

136. Remarque I. Souvent l'intérêt se capitalise tous les 6 mois ; alors, dans les formules, n représente le nombre

de 6 mois écoulés, et r le $1/100$ du taux pour 6 mois. Les formules prennent dans ce cas les formes suivantes.

$$A = a\left(1 + \frac{r}{2}\right)^{2n}$$

$$a = \frac{A}{\left(1 + \frac{r}{2}\right)^{2n}}$$

$$\frac{r}{2} = \sqrt[2n]{\frac{A}{a}} - 1$$

$$\log. 2n = \frac{\log. A - \log a}{\log\left(1 + \frac{r}{2}\right)}$$

Application. Trouver ce que devient un capital de 4000^f placé à intérêts composés pendant 15 ans, à 4 p %, les intérêts se capitalisant tous les 6 mois.

On a $\qquad A = 4\,000\,(1,02)^{30}$

d'où $\qquad A = 7245^f,50$

137. Remarque II. La formule (1) page 134 suppose que n exprime un nombre entier d'années. S'il n'en est pas ainsi, on calcule généralement ce que deviendra le capital augmenté de ses intérêts à la fin des N années, puis on cherche les intérêts simples que rapporte pendant la fraction d'année le capital ainsi augmenté.

Appelons n le nombre d'années, f la fraction d'année, r étant toujours l'intérêt de 1 fr. en un an.

À la fin des N années, le capital sera devenu

$$a\,(1+r)^n$$

1 fr. rapportant r en 1 an, rapportera fr en un temps f, et le capital $a(1+r)^n$ rapportera dans le même temps.

$$a(1+r)^n \times fr.$$

donc $\qquad A = a(1+r)^n + a\,(1+r)^n \times fr.$

Mettons $a(1+r)^n$ en facteur commun,

$$A = a(1+r)^n(1 + fr) \qquad\qquad (5)$$

La formule (5) s'applique sans peine lorsque l'inconnue est A ou a; elle est d'une application moins facile lorsque l'inconnue est r, car elle fournit généralement une équation d'un degré supérieur au second; enfin, lorsqu'on cherche le temps, on peut encore l'appliquer, bien qu'on ait alors deux inconnues.

En effet, on a :

$$\text{Log. } A = \text{log. } a + n\log(1+r) + \log(1+sr).$$

d'où
$$n = \frac{\text{Log } A - \text{log. } a}{\text{log}(1+r)} - \frac{\log(1+sr)}{\text{log}(1+r)} \qquad (6)$$

Si nous effectuons la division indiquée par la première partie du second membre, on aura, en appelant Q le quotient et R le reste.

$$\frac{\text{Log } A - \text{log } a}{\text{log}(1+r)} = Q + \frac{R}{\text{log}(1+r)}.$$

portant cette valeur dans l'équation (6), il vient

$$n = Q + \frac{R}{\text{log}(1+r)} - \frac{\log(1+sr)}{\text{log}(1+r)}.$$

Or n et Q sont entiers par hypothèse, $\dfrac{R}{\text{log}(1+r)}$ et $-\dfrac{\log(1+sr)}{\text{log}(1+r)}$, sont des fractions, car $1+sr$ est plus petit que $1+r$; on aura donc ($n° 83$).

$$n = Q, \qquad \text{et } \frac{R}{\text{log}(1+r)} = \frac{\log(1+sr)}{\text{log}(1+r)}.$$

d'où $R = \log(1+sr)$.

Ainsi, la partie entière du quotient donne le nombre exact d'années, et le reste est le log. de $(1+sr)$ d'où on tire facilement la valeur de s.

Annuités.

138 On appelle annuité une somme qu'il faut payer chaque année pendant un temps déterminé pour s'acquitter d'une dette.

Dans le calcul des annuités, on tient compte des intérêts composés tant en faveur du créancier que du débiteur.

Appelons A , un capital emprunté ,

" a , l'annuité à payer ,

" r , l'intérêt annuel de 1 franc ,

" n , le temps.

Le capital A deviendra après n années

$$A(1+r)^n$$

La première annuité payée à la fin de la 1ʳᵉ année, rapportera des intérêts composés pendant $n-1$ années et deviendra

$$a\,(1+r)^{n-1}$$

La seconde annuité, payée à la fin de la 2ⁱ année, rapportera des intérêts composés pendant $n-2$ années et deviendra.

$$a\,(1+r)^{n-2}$$

La troisième annuité deviendra pareillement —

$$a\,(1+r)^{n-3}$$

et ainsi de suite, de sorte que l'annuité payée 2 ans avant la n^e année deviendra $\qquad a\,(1+r)^{2}$

Celle payée un an avant la n^e année deviendra :

$$a\,(1+r).$$

et la dernière annuité n'aura que sa valeur, a.

Mais alors la dette est payée. Donc la somme de toutes ces annuités augmentées de leurs intérêts composés doit valoir.

$$A\,(1+r)^{n}$$

d'où l'équation

$$A(1+r)^{n} = a + a(1+r) + a(1+r)^{2} + a(1+r)^{3} + \ldots\ldots a(1+r)^{n-1}$$

Le second membre de cette équation est la somme des termes d'une progression géométrique croissante dont le 1ᵉʳ terme est a, et la raison $(1+r)$; cette somme est égale à

$$\frac{a\left[(1+r)^{n}-1\right]}{1+r-1} \quad , \quad ou \quad \frac{a}{r}\left[(1+r)^{n}-1\right].$$

et l'équation devient :

$$A(1+r)^{n} = \frac{a}{r}\left[(1+r)^{n}-1\right]$$

d'où $\qquad a = \dfrac{Ar(1+r)^{n}}{(1+r)^{n}-1}.$ $\hfill (1)$

139. Telle est la formule générale des annuités ; elle renferme 4 quantités variables A, a, r et n, qu'on peut isoler facilement, excepté cependant r, qui est donnée ordinairement par une équation d'un degré supérieur au second.

Si on isole A, il vient —:

$$A = \frac{a\left[(1+r)^{n}-1\right]}{r(1+r)^{n}} , \quad qu'on\ peut\ écrire \quad A = a \times \frac{1}{(1+r)^{n}}\frac{\left[(1+r)^{n}-1\right]}{r} \quad (2)$$

Si on isole n, on trouve successivement —:

$$Ar(1+r)^{n} = a(1+r)^{n} - a$$
$$Ar(1+r)^{n} - a(1+r)^{n} = -a$$
$$(1+r)^{n}\,(a-Ar) = a$$

$$n \log.(1+r) + \log(a-Ar) = \log a.$$

d'où
$$n = \frac{\log a - \log(a-Ar)}{\log(1+r)}. \qquad (3)$$

Applications.

1° Une commune emprunte 50 000 fr. au taux de 4 p % et veut amortir cette dette en 20 ans ; quelle annuité doit-elle payer ?

La formule (1) donne
$$a = \frac{50\,000 \times 0,04\,(1,04)^{20}}{(1,04)^{20} - 1}.$$

On a d'abord pour le numérateur.

$$\log. \; 50\,000 \;=\; 4,698\,97$$
$$\log. \; 0,04 \;\;\;=\; \bar{2},602\,06$$
$$20\,\log. \; 1,04 \;\;=\; 0,340\,67$$
$$\log. \; du\ numérateur \quad 3,641\,70.$$

Pour le dénominateur, on a :

$$20\,\log. \; 1,04 \ldots = 0,340\,67 \;,\; d'où \;(1,04)^{20} = 2,1911$$

et par suite la valeur de $(1,04)^{20}-1$ est . . . . . $1,1911$

$$\log. \; 1,1911 \;\;=\; 0,075\,94,$$

Retranchant ce logarithme de celui du numérateur, on a :

$$\log. \; a = 3,565\,76.$$

d'où
$$a = 3679^f, 25^c.$$

2° Une commune qui peut disposer pendant 24 ans d'une somme de 8000 fr. demande quel capital elle doit emprunter à 5 p % pour que ce capital soit amorti au bout des 24 ans ?

La formule (2) donne :
$$A = \frac{8000\,[(1,05)^{24}-1]}{0,05\,(1,05)^{24}}$$

En effectuant les calculs, on trouve . . . . $A = 110\,090^f.$

3° Une ville voit sa population croître chaque année du $\frac{1}{120}$: on demande dans combien de temps la population sera doublée.

Soient :
     p, la population
     $\frac{1}{m}$, le rapport exprimant l'accroissement annuel.
     n, le temps.
     P, la population finale après n années.

Après un an, la population sera $p + $ l'accroissement $p \times \frac{1}{m}$,

ou $p + \frac{p}{m}$, ou $p(1+\frac{1}{m})$, ou $p(\frac{m+1}{m})$.

Ainsi, en multipliant par $\frac{m+1}{m}$ la population au commencement d'une année, on obtient ce qu'elle sera à la fin de cette année.

Après 2 ans la population sera :

$$p\left(\frac{m+1}{m}\right)^2,$$

après 3 ans elle sera :

$$p\left(\frac{m+1}{m}\right)^3,$$

et après n années elle sera :

$$p\left(\frac{m+1}{m}\right)^n.$$

alors on aura :

$$P = p\left(\frac{m+1}{m}\right)^n. \qquad (1)$$

Pour résoudre le problème proposé, posons $P = 2p$, et il vient :

$$2p = p\left(\frac{m+1}{m}\right)^n, \qquad \text{ou} \qquad 2 = \left(\frac{m+1}{m}\right)^n.$$

$$\log. 2 = n \log\left(\frac{m+1}{m}\right), \qquad \text{d'où} \qquad n = \frac{\log 2}{\log\left(\frac{m+1}{m}\right)}.$$

remplaçant les lettres par leur valeur, on trouve :

$$n = \frac{\log 2}{\log \frac{121}{120}}.$$

$$\log. 2 = 0,30103$$
$$\log. \frac{121}{120} = 0,00361$$

le quotient de 0,30103 par 0,00361 est 83 plus une fraction. Ainsi la population sera doublée dans 83 ans environ.

4° Un particulier qui a fait du commerce pendant n années, a placé à la fin de chaque année et à intérêts composés une somme a. que lui reviendra-t-il après ces n années ?

En appelant A ce qui lui reviendra après les n années et r l'intérêt de 1 fr. en un an, on a :

$$A = a(1+r)^n + a(1+r)^{n-1} + a(1+r)^{n-2} \ldots + a(1+r)^2 + a(1+r).$$
$$\text{ou} \qquad A = a(1+r) + a(1+r)^2 + a(1+r)^3 \ldots a(1+r)^n.$$

Le second membre est la somme des termes d'une progression géométrique dont le 1er terme est $a(1+r)$ et la raison $(1+r)$

$$\text{Donc} \quad A = \frac{a(1+r)\left[(1+r)^n - 1\right]}{1+r-1}, \qquad \text{ou} \quad A = \frac{a(1+r)\left[(1+r)^n - 1\right]}{r}. \qquad (1)$$

Cette formule résout les questions qu'on peut proposer sur les placements annuels. Si on isole a, on trouve :

$$a = \frac{Ar}{(1+r)\left[(1+r)^n - 1\right]} \qquad (2)$$

5°. Un père de famille place chaque année, depuis le jour de la naissance de son fils, une somme de 200 fr. à intérêts composés et à 4 p%. On demande ce que recevra le fils à l'âge de 21 ans.

Il y a en tout 21 placements, car le 1er s'est fait le jour de la naissance, le 2e au commencement de la seconde année, ... le 21e au commencement de la 21e année.

La formule (1) donne

$$A = \frac{200 \times 1{,}04\left[(1{,}04)^{21} - 1\right]}{0{,}04}, \quad \text{ou } 6649{,}70^{\,f}$$

6°. Une somme de 6 000 fr. a été placée à intérêts composés pendant un certain temps. Si elle était restée placée pendant un an de moins, le capital définitif eût été inférieur de 3996,12; si, au contraire, elle était restée placée un an de plus, le capital définitif eût été supérieur de 4156,02. On demande quel était le taux de l'intérêt et la durée du placement. (Donné à Clermont F^d, en Août 1872 aux aspirants au diplôme de fin d'études).

Pour résoudre ce problème, remarquons que la différence $4156{,}02 - 3996{,}12$ ou $159{,}9$ provient uniquement de l'intérêt pour 1 an du nombre 3996,12. On obtiendra donc le taux en posant :

$$\frac{3996{,}12}{159{,}9} = \frac{100}{x}$$

d'où $x = 4{,}001$, soit 4 pour cent.

Le capital définitif après n années est : $6000(1{,}04)^n$. Après $n-1$ années ce capital a pour expression : $6000(1{,}04)^{n-1}$

La différence entre ces deux capitaux étant 3996,12, on aura l'égalité :

$$6000(1{,}04)^n - 6000(1{,}04)^{n-1} = 3996{,}12 \qquad (1)$$

or $6000(1{,}04)^n$ est la même chose que $6000(1{,}04)^{n-1}(1{,}04)$

L'équation précédente peut alors s'écrire :

$$6000(1{,}04)^{n-1}(1{,}04) - 6000(1{,}04)^{n-1} = 3996{,}12$$

mettons $6000(1{,}04)^{n-1}$ en facteur commun, il vient :

$$6000(1{,}04)^{n-1}(1{,}04 - 1) = 3996{,}12$$

$$\text{ou} \qquad 6000\,(1,04)^{n-1} \times 0,04 = 3996,12$$

$$240\,(1,04)^{n-1} = 3996,12.$$

$$\log 240 + (n-1)\log(1,04) = \log 3996,12$$

$$\text{d'où} \qquad n-1 = \frac{\log 3996,12 - \log 240}{\log 1,04} = 71^{ans}\,8^{mois}$$

et par suite $n = 72$ ans 8 mois.

Exercices.

1° Dans une progression arithmétique dont la raison est 0,3 et le 1er terme 2.5, combien faudrait-il prendre de termes pour que leur somme fût 1020 ? (Baccalauréat).

2° Insérer entre 6 et 1, 12 moyens arithmétiques et écrire la progression qui en résultera.

3° Un colonel dont le régiment compte 3003 hommes veut former ses soldats en triangle de manière que le 1er rang ait un soldat, le 2e rang deux soldats, le 3e rang trois soldats, et ainsi de suite : combien y avait-il de rangs ?

4° Trois nombres en progression arithmétique ont un produit égal à 16640, le plus petit est 20 : trouver les deux autres ?

5° Les 3 arêtes d'un parallélipipède rectangle ont pour somme 65 centimèt. et sont en progression géométrique : trouver les 3 arêtes, le volume du parallélipipède étant 3375 cent. mèt. cubes.

6° Insérer entre 161 et 4 367, deux moyens géométriques.

7° Calculer la limite de $12 + 4 + \dfrac{4}{3} + \dfrac{4}{9} + \dfrac{4}{27} + \dfrac{4}{81} + \ldots\ldots$

8° Le piston d'une machine pneumatique se meut dans un cylindre dont la capacité est les 2/5 de celle du récipient. On demande quelle fraction de l'air primitif restera dans le récipient après 20 coups de piston.

9° Combien faut-il de temps pour qu'une somme placée à intérêts composés et à 3.5 p% soit doublée, triplée, quadruplée ?

10° Une ville emprunte 1 800 000 fr à 4 p% et veut se libérer en 30 années : quelle annuité doit elle consacrer ?

11° Un ouvrier demande quelle somme il doit placer au commencement de chaque année à partir de la 21e jusqu'à la 60e, à 3,5 p% et à intérêts composés pour avoir à 60 ans un capital de 30000 fr.

12° Résoudre 1: $4^{x} = 1024$; 2: $24^{(5x-2)} = 10000$.

CINQUIÈME PARTIE.

Notions sur la Caisse d'Épargne.

140. La caisse d'épargne est une institution qui a pour but de recueillir les petites économies et de les faire fructifier.

D'après les statuts de la caisse, aucun versement ne peut être inférieur à 1 fr., ni comprendre des fractions de franc, ni excéder 300 fr à la fois.

On ne peut faire plus d'un versement par semaine et les versements se font le dimanche.

L'avoir total d'un déposant ne peut dépasser 1000 fr. et dès que les versements successifs augmentés de leurs intérêts deviennent supérieurs à cette somme, l'administration de la Caisse d'épargne lui achète d'office et sans frais 10 fr. de rente. Elle attend cependant 3 mois à faire cet achat, afin de donner au déposant le temps de retirer ses fonds s'il le désire ; les intérêts de la somme diminuée de ses centimes continuent à courir jusqu'au jour de l'achat de la rente.

Le taux de l'intérêt servi aux déposants a été fixé par une loi à 4 p% sur lesquels l'administration retient 0,50 pour frais ; il est donc en réalité de 3,5 p%.

141. Toute somme versée porte intérêt à partir du dimanche qui suit le versement. Les intérêts se règlent à la fin de décembre et s'ajoutent au capital pour porter intérêt l'année suivante ; cependant les centimes qui accompagnent le nombre exact de francs du capital ainsi augmenté ne produisent rien.

Le déposant peut retirer son avoir en tout ou en partie, pourvu qu'il ait soin d'en prévenir 8 jours à l'avance, et la somme retirée cesse de porter intérêt le dimanche où se fait la demande de remboursement.

Remarque. Dans les problèmes qui suivent, on suppose que le taux est 3,50 p% et que l'année a exactement 52 semaines.

I. Que deviendra à la fin de décembre une somme de 150 fr. versée à la caisse d'épargne 6 semaines après le commencement de l'année ?

$$52 - 6 = 46 \text{ semaines}$$

L'intérêt ne commençant à compter que le dimanche qui suit le dépôt, les 150 fr. ne produiront donc que pendant 45 semaines.

100 fr. rapportant $3{,}5$ en 52 semaines, 1 fr. rapportera en une semaine $\dfrac{0{,}035}{52}$

et 150 fr. rapporteront en 45 semaines $\dfrac{0{,}035 \times 150 \times 45}{52}$, ou $4{,}54$.

Ainsi l'intérêt d'une somme déposée s'obtient en divisant par 52 le produit de cette somme par le $1/100$ du taux et par le nombre de semaines à courir jusqu'à la fin de l'année.

II. Un ouvrier verse chaque semaine 5 fr. à la caisse d'épargne : on demande quel sera son avoir à la fin de l'année ?

Le premier versement produira $\dfrac{5 \times 0{,}035 \times 51}{52}$

Le second " " $\dfrac{5 \times 0{,}035 \times 50}{52}$

Le troisième " " $\dfrac{5 \times 0{,}035 \times 49}{52}$

Le cinquante et unième $\dfrac{5 \times 0{,}035 \times 1}{52}$

Le dernier ne produira rien.

En mettant en facteur commun $\dfrac{5 \times 0{,}035}{52}$, la somme des intérêts des 51 premiers versements sera exprimée par

$$\frac{5 \times 0{,}035}{52} (1 + 2 + 3 + 4 \ldots\ldots\ldots + 50 + 51).$$

La partie entre parenthèses est la somme des termes d'une progression arithmétique, cette somme égale ($N° 111$) $\dfrac{(51+1)51}{2}$ ou 26×51.

Ainsi les intérêts seront : $\dfrac{5 \times 0{,}035 \times 26 \times 51}{2}$, soit $4{,}46$.

Le capital versé étant 52×5 ou 260 francs.

L'avoir total du déposant sera, à la fin de décembre, $264{,}46$.

142 **Remarque.** Pour faciliter les calculs, les employés de la Caisse appellent *intérêts anticipés*, les intérêts que produit une somme à partir du dimanche qui suit le dépôt jusqu'à la fin de l'année, et *intérêts rétrogrades*, ceux qu'une somme retirée aurait produits à partir du dimanche où se fait la demande

jusqu'à la fin de l'année. De cette manière un compte peut être très facilement réglé

Exemple

Le 1er dimanche de Janvier, un ouvrier dépose 100 fr à la Caisse

le 4e " il dépose encore 100 fr.
le 6e " il demande à retirer 50 fr.
le 20e " il dépose 80 fr.
le 29e " il demande à retirer 120 fr.
le 35 " il dépose 100 fr.
le 39e " il demande à retirer 60 fr.
le 46e " il dépose 200 fr.

Quel sera son avoir à la fin de l'année ?

Le tableau suivant donne la disposition des calculs.

Dates	Sommes versées	Semaines à compter	Intérêts anticipés	Sommes retirées	Semaines à déduire	Intérêts rétrogrades
1er dimanche	100	51	3,43			
4e	100	47	3,16			
6e				50	46	1,55
20e	80	31	1,67			
29e				120	33	2,67
35e	100	16	1,08			
39e				60	13	0,52
46e	200	5	0,67			
	580		10,01	230		4,74
	230		4,74			
	350		5,27	Différence des intérêts		
	5,27					
	355,27	Somme due au déposant				

2e Exemple. Supposons que le même ouvrier laisse les 355f,27 et que :

le 5e dimanche de l'année suivante il dépose 250 fr.
le 20e " il dépose 150 fr

10.

le 24ᵉ dimanche   il demande à retirer   100 fr.

et qu'il règle son compte 21 semaines avant la fin de l'année.
Trouver ce qui lui revient ?

Dates	Sommes versées	Semaines à compter	intérêts anticipés	Sommes retirées	Semaines à déduire	intérêts rétrogrades
0	355,27	52	12,43			
5ᵉ dimanche	250	46	7,74			
20 id	150	31	3,13			
24 id				100	28	1ᶠ,88
	755,27		23,30	100		1,88

Pour régler le compte 21ᵉ semaines avant la fin de l'année, il faut remarquer que les sommes versées par le déposant, augmentées de leurs intérêts anticipés égalent les sommes retirées augmentées de leurs intérêts rétrogrades.

En appelant x la somme à donner pour solder le compte et $\frac{x \times 0,035 \times 21}{52}$ ses intérêts rétrogrades, on aura :

$$755,27 + 23,30 = 100 + 1,88 + x + \frac{x \times 0,035 \times 21}{52}$$

résolvant l'équation, on trouve

$$x = 667^f,25$$

3ᵉ Exemple. Le compte d'un déposant se monte à la fin de décembre à $1025^f,35$; ce déposant laisse écouler 3 mois sans retirer son dépôt ; alors l'administration de la caisse lui achète 10 fr. de rente 3 p % au cours de $64^f,20$. Quel sera l'avoir du déposant après cette opération ?

Le déposant a 1 025,35

l'intérêt de 1 025ᶠ pendant 3 mois ou 13 semaines à 3,5 p % est $\frac{1025 \times 0,035 \times 13}{52}$, ou   8,97

Total : 1 034,32

10 fr. de rente 3 p %, au cours de $64^f,20$ valent   214, .

Reste dû au déposant $820^f,32$.

Notions sommaires sur l'organisation et les principales opérations des grands établissements de crédit

143. Les établissements de crédit ont été créés pour servir d'intermédiaires entre les capitalistes qui veulent prêter leur argent et les emprunteurs qui ont besoin de fonds.

Lorsqu'un établissement de crédit se fonde, il fait appel aux capitaux. À cet effet, il émet des actions de 500 fr. ou de 1000 fr. pour lesquelles il promet un intérêt fixe et un bénéfice éventuel basé chaque année sur les gains réalisés. L'emprunteur qui a besoin d'argent s'adresse alors directement à un de ces établissements qui lui prête à un taux convenable et sur des garanties suffisantes.

Si les garanties offertes par l'emprunteur reposent sur le sol, le crédit est foncier ; si elles reposent sur des biens meubles, le crédit est mobilier ; si elles sont fondées sur des marchandises le crédit est commercial.

Les principaux établissements de crédit sont la Banque de France et le Crédit foncier.

Banque de France.

144. La Banque de France, créée en 1803, au capital de 45 millions possède aujourd'hui un capital de 182 500 000 fr. formé par 182 500 actions de 1000 fr. Elle jouit en France du privilège exclusif d'émettre des billets payables au porteur et à vue, pour une somme supérieure à son encaisse. Ce privilège lui est concédé jusqu'en 1897.

Chaque action de la Banque rapporte au possesseur un intérêt fixe de 6 p% et donne droit, en outre, à un dividende variable qui s'est élevé à une époque à 130 et 140 fr. par chaque action de 1000 fr. Aussi le cours de ces actions oscille-t-il entre 3200 et 3600 fr.

La principale opération de la Banque de France consiste dans l'escompte des effets de commerce revêtus d'au moins trois signatures et dont l'échéance ne dépasse pas trois mois ;

le taux de cet escompte varie entre 3 et 6. p%.

La Banque de France reçoit encore l'argent du Trésor, et lui en prête ; elle prend en dépôt des matières précieuses moyennant un droit de 1/8 p% par semestre ; elle tient un compte courant avec un grand nombre de commerçants, se charge de leur recouvrement et acquitte leurs traites jusqu'à concurrence de la somme portée à leur crédit.

Les opérations de la Banque de France s'élèvent chaque année à plus de 3 milliards de francs.

Crédit foncier.

145. Le Crédit foncier a été fondé en 1852 pour une durée de 99 ans et au capital de 60 000 000, formé par 60 000 actions de 1000 fr. Il prête aux agriculteurs et en général aux propriétaires d'immeubles, sur 1re hypothèque et pour un temps qui varie de 20 à 50 ans ; l'emprunteur peut cependant se libérer par anticipation.

Le montant des prêts ne peut dépasser la moitié de la valeur de l'immeuble hypothéqué.

Les prêts ne sont pas faits en espèces, mais en obligations que le Crédit foncier émet. Les obligations sont de deux sortes : les unes de 500 fr. les autres de 1000 fr. ces dernières pouvant être divisées en dixièmes. Elles portent un intérêt qui est fixé au moment de leur émission et sont remboursables par voie de tirage au sort. Le tirage se fait tous les 6 mois et les obligations remboursées jouissent d'une prime qui est ordinairement de 20 p% de leur valeur.

L'Emprunteur qui a reçu des obligations se procure de l'argent en les vendant soit à la Bourse, soit par l'entremise de la Société du Crédit.

L'annuité à payer par l'emprunteur se compose :
1° de l'intérêt des sommes empruntées dont le taux est ordinairement de 4 1/4 p%
2° d'un droit fixe de 0,60 par 100 fr. pour frais d'administration.
3° de l'annuité nécessaire pour amortir au temps fixe le capital emprunté, le taux étant aussi de 4 1/4 p% et l'intérêt se capi-

talisant tous les 6 mois . On additionne et on complète les centimes. (1)

L'emprunteur qui se libère par anticipation peut donner à cet effet, soit des espèces, soit des obligations que le Crédit reprend au pair, quel que soit leur cours, seulement la société prélève pour frais d'administration un droit de 3 p% sur la somme payée par anticipation.

Problème I. Un propriétaire emprunte 60 000 fr. pour 50 ans : Qu'aura-t-il à payer par Semestre ?

Pour 100 fr. d'emprunt, l'annuité se compose :

1° Des intérêts, 4 1/4 p% 4,25
2° Des frais d'administration . . . 0,60
3° De l'amortissement p 50 ans (voir le tableau). 0,591 22
Total . 5,441 22

Et en complétant les centimes . . . . 5,45.

Pour un emprunt de 60 000 fr. ou 600 fois 100 fr. l'annuité sera

$$600 \times 5,45 = 3270,\quad \text{soit } 1635^f \text{ par Semestre.}$$

Problème II. Un cultivateur qui a besoin de 40 000 fr. s'adresse au Crédit foncier dont les obligations de 500 fr. sont au cours de 495 f, il demande 1° Quelle somme il devra emprunter. 2° quelle annuité il devra servir pour éteindre sa dette en 35 ans ?

1° Le nombre des obligations à prendre sera $\frac{40000}{495}$ ou 81, pour lesquelles il devra au crédit $81 \times 500 = 40500$ fr.

2° Pour 100 fr. d'emprunt l'annuité se composera :

1° Des intérêts, 4 1/4 p% 4,25
2° Des frais d'administration . . . 0,60
3° De l'amortissement pour 35 ans (voir le tableau) 1,265 796
Total 6,12

Pour un emprunt de 40500 fr. l'annuité sera 405 fois plus forte ou $405 \times 6,12 = 2478^f,60$, et par semestre $1239^f,30$

Problème III. Un cultivateur qui paie au Crédit foncier 653 f par semestre n'aura acquitté sa dette qu'après 30 ans;

___

(1) Voir à la fin du volume le tableau donnant la valeur de cet amortissement.

quelle somme avait-il empruntée ?

Pour 100 fr. d'emprunt l'annuité se composerait

1° Des intérêts 4 1/4 p% 4.25
2° Des frais d'administration . . . 0,60
3° De l'amortissement p. 30 ans (voir le tableau) $\underline{1,679\,036}$

$$\text{Total} \qquad 6,53$$

ci-par semestre 3,265.

Autant de fois cette somme sera contenue dans 653 fr. autant de fois 100 fr. le cultivateur aura emprunté

$$\frac{653}{3,265} \times 100 = 20\,000\,fr.$$

Problème IV. Un particulier qui a emprunté 36 000 fr. pour 50 ans veut se libérer après avoir payé 30 annuités. On demande 1° la somme qu'il devra donner ; 2° le bénéfice qu'il réalisera si, au lieu de payer en argent, il se libérait au moyen d'obligations de 1000 fr. au cours de 990.

1° L'amortissement pour 50 ans étant (voir le tableau). 0,591 220. ou, en complétant les centimes, 0,60.

Au bout de 30 ans, cette annuité produira un capital exprimé par (N° 138)

$$\frac{0,60\left[\left(1+\frac{r}{2}\right)^{60}-1\right]}{\frac{r}{2}} \qquad \text{ou} \qquad \frac{0,60\left[(1,02125)^{60}-1\right]}{1,0225}, \quad \text{soit } 35,72851$$

Sur 100 fr. il resterait encore dû :

$$100 - 33,728\,51 \quad, \text{c'est-à-dire} \qquad 64,271\,49$$

à cette somme ajoutons 3 p% de commission (Sage 149). $\underline{1,928\,14}$

sur 100 fr. la somme à payer serait donc , 66,199 63.

et sur 36 000 fr cette somme sera 23 831,85.

Ainsi l'emprunteur devra verser pour se libérer, 23 831,85.

2° S'il désire acquitter sa dette en obligations du Crédit au cours de 990, lesquelles lui seront reprises au pair, c'est-à-dire à 1000 fr. il devra acheter à la Bourse un nombre d'obligations marqué par $\frac{23\,831,85}{1000}$, soit 23 oblig. 8 dixièmes et ajouter encore en argent 31,85

Or, une obligation lui coûtera . . . . 990.
plus 1/8 pour courtage . . . . $\underline{1,24}$

Total pour une obligation . . . 991,24.

Les 23,8 obligations lui coûteront donc

$$991,24 \times 23,8 \quad \text{ou} \quad 23596,56 \ f$$

Et il déboursera en tout : $23596,56 + 31,85$, soit $23622,41$ au lieu de $23831,85$.

Par cette combinaison, l'emprunteur réalisera un bénéfice de $209,45$.

Des Probabilités

146. On entend par probabilité d'un évènement, le rapport du nombre des chances favorables à cet évènement au nombre total des chances.

Dans un jeu de 32 cartes, si on en tire une au hasard, la probabilité d'amener un roi est $\frac{4}{32}$ ou $\frac{1}{8}$, car il y a 4 cas favorables sur 32 cas possibles.

De même si l'on tire au hasard un des 90 numéros d'un jeu de lotos, la probabilité d'extraire un multiple de 5 est $\frac{18}{90}$ ou $\frac{1}{5}$.

La probabilité mathématique est donc une fraction qui diffère d'autant moins de l'unité que les chances favorables sont plus nombreuses comparées au chances possibles.

Si toutes les chances étaient favorables il n'y aurait plus probabilité mais certitude.

Voici quelques principes relatifs aux probabilités [1]

147. 1er Principe. La somme des probabilités de tous les évènements possibles est toujours égale à l'unité.

Si on a dans une urne 5 boules blanches, 7 rouges et 8 noires, et qu'on en tire une, la probabilité d'amener une blanche est $\frac{5}{20}$, celle d'amener une rouge est $\frac{7}{20}$, celle d'amener une noire est $\frac{8}{20}$ et $\frac{5}{20} + \frac{7}{20} + \frac{8}{20} = 1$.

Conséquence. La somme des probabilités de 2 évènements contraires est toujours égale à l'unité.

---

[1] D'après le programme officiel; ces principes pourront être admis sans démonstration.

Dans une urne, il y a 12 numéros dont 5 seulement donnent-droit à un lot, la probabilité d'extraire un numéro gagnant est $\frac{5}{12}$ et celle d'extraire un numéro perdant est $\frac{7}{12}$. La somme de ces probabilités contraires est $\frac{5}{7} + \frac{7}{12}$ ou 1.

Ainsi, dès qu'on connaît la probabilité d'un évènement, on obtiendra la probabilité de l'évènement contraire en retranchant la première de l'unité.

2ᵉ Principe. La probabilité générale d'un ensemble d'évènements indépendants les uns des autres est égale au produit des probabilités particulières.

1° Soient $\frac{5}{12}$ et $\frac{3}{8}$ les probabilités particulières de deux évènements dont le concours doit amener un résultat demandé, 5 et 3 étant des cas favorables, et 12 et 8 des cas possibles.

Chacun des 5 cas favorables au premier évènement pourra correspondre à un quelconque des 3 cas favorables au second, ce qui fait en tout 5×3 ou 15 cas favorables au résultat attendu.

D'autre part, chacun des 12 cas possibles dans le premier évènement, pourra correspondre à un quelconque des 8 cas possibles dans le second, ce qui fait en tout 12×8 ou 96 cas possibles.

La probabilité sera donc (N° 146). $\frac{5\times 3}{12\times 8}$.

2°. Si $\frac{3}{4}$, $\frac{5}{6}$ et $\frac{7}{9}$ étaient les probabilités particulières de 3 évènements dont le concours doit amener un résultat demandé, on chercherait d'abord les probabilités favorables à ce résultat pour les probabilités particulières $\frac{3}{4}$ et $\frac{5}{6}$, et on trouverait $\frac{3\times 5}{4\times 6}$; puis, en combinant cette probabilité qu'on pourrait regarder comme simple avec la probabilité $\frac{7}{9}$, on obtiendrait, en raisonnant comme ci-dessus, $\frac{3\times 5\times 7}{4\times 6\times 9}$ pour la probabilité demandée.

On opèrerait d'une manière analogue pour 4. 5, etc. probabilités particulières.

Ainsi, dans tous les cas, la probabilité générale est le produit des probabilités particulières.

Les tables de mortalité fournissent le moyen de faire

diverses applications très-intéressantes du calcul des probabilités.

148. Une table de mortalité est un document qui donne le nombre des survivants à un âge donné, sur un nombre déterminé d'enfants nés en même temps.

En France, on fait usage des tables de Duvillard et de Déparcieux. La première, qui date de 1806, suppose 1 000 000 d'enfants nés la même année, et donne une mortalité trop rapide. La seconde calculée depuis 1746 pour des têtes choisies ne suppose que 1286 enfants nés en même temps et bien constitués ; elle donne une mortalité trop lente (Ces tables se trouvent à la fin du volume).

Les compagnies d'assurances se servent de la table de Duvillard pour calculer les sommes payables après décès, et de celle de Déparcieux pour les rentes viagères. On voit que les compagnies font usage, dans chaque cas, des tables qui leur sont les plus avantageuses.

Problème I. Sur 54 285 enfants nés à Paris en 1866, combien, d'après la table de Déparcieux, parviendront à l'âge de 40 ans.

On voit dans la table que sur 1286 enfants nés la même année 657 seulement arrivent à 40 ans ; on fera donc la proportion.

$$\frac{1286}{657} = \frac{54\,285}{x} \;, \quad \text{d'où } x = 27\,734, \text{ à une unité près.}$$

Problème II. Il est né dans le département du Nord en 1864, 45 708 enfants ; on demande quel sera, d'après la table de Déparcieux l'âge des survivants lorsque ce nombre se trouvera réduit à 20 000 ?

On écrira la proportion :

$$\frac{45\,708}{20\,000} = \frac{1286}{x} \;\; \ldots \;\; x = 563, \text{ à une unité près.}$$

En regardant la table, on voit que le nombre 563 correspond à un âge compris entre 51 et 52 ans.

Problème III. Sur 300 000 jeunes gens qui, chaque année, sont soumis à la conscription (20 ans), combien y en a-t-il, d'après la table de Duvillard, qui ont chance d'atteindre 70 ans ?

On voit dans la table que sur 502 216 personnes âgées de 20 ans, 117 656 seulement parviennent à l'âge de 70 ans.

On posera donc la proportion :

$$\frac{502\,316}{117\,656} = \frac{30\,000}{x} \; ; \; \ldots \ldots \; x = 70.280$$

Problème IV. D'après la table de Déparcieux, à quel âge le nombre des vivants est-il réduit au tiers de ce qu'il était à 40 ans ?

On voit dans la table qu'à 40 ans, le nombre des vivants est 657, dont le tiers est 219 ; en cherchant dans la table, on trouve que 219 est compris entre 231 et 211, correspondant à 74 et 75 ans. C'est donc entre 74 et 75 ans que le nombre des personnes vivantes à 40 ans est réduit au tiers.

149. Durée de la vie probable. La vie probable d'une personne d'un âge donné est égale aux années qui doivent s'écouler pour que le nombre des vivants de cet âge soit réduit à sa moitié.

Problème V. Quelle est la vie probable d'une personne âgée de 16 ans ?

On voit dans la table de Déparcieux, qu'à 16 ans le nombre des vivants est 842, dont la moitié, 421 tombe entre 62 et 63 ans, et très-près de 63.

Ainsi, à 63 ans, la moitié des personnes qui vivaient à 16 ans n'existe plus. Une personne de 16 ans a donc autant à espérer de se trouver à 63 ans parmi les vivants qu'à craindre d'être comptée au nombre des morts.

La vie probable à 16 ans sera donc 63 − 16, ou 47 ans. La formule empyrique

$$y = 59 - \frac{3\,a}{4} ,$$

dans laquelle y exprime la vie probable et a l'âge actuel donne avec une approximation suffisante la vie probable pour tout âge compris entre 6 ans et 64 ans.

Cette formule appliquée au problème précédent donne :

$$y = 59 - \frac{3 \times 16}{4} \; \text{ou } 47 \text{ ans.}$$

150. Chance d'atteindre un âge donné. La probabilité qu'une personne d'un âge donné a d'atteindre un autre âge est le rapport qui existe entre le nombre des vivants du second âge et le nombre des vivants du premier.

Problème VI. Quelle probabilité une personne de 30 ans a-t-elle d'arriver à l'âge de 50 ans ?

D'après la table de Déparcieux, le nombre des vivants à 30 ans est de 734 : le nombre des vivants 20 ans plus tard, c'est-à-dire à 50 ans, est de 581 ; la probabilité demandée est donc $\frac{581}{734}$, environ $\frac{5}{6}$.

Problème VII. Un propriétaire âgé de 45 ans prend un fermier de 30 ans : quelle probabilité y a-t-il qu'ils seront l'un et l'autre vivants dans 20 ans.

D'après la table de Déparcieux,

à 45 ans, le nombre des vivants est . . . 622,

à 45 + 20, ou à 65 ans, ... il est de 395.

La probabilité qu'a le propriétaire de vivre dans 20 ans est : $\frac{395}{622}$.

à 30 ans, le nombre des vivants est 734

à 30 + 20, ou à 55 ans . . . il est de 581.

La probabilité qu'a le fermier d'être vivant dans 20 ans est $\frac{581}{734}$.

La probabilité générale étant égale au produit des probabilités particulières (N° 147. 2°), on aura pour la probabilité demandée :

$$\frac{395 \times 581}{622 \times 734} \quad \text{ou } \frac{1}{2} \text{ environ.}$$

Problème VIII. Un particulier a 54 ans, son frère en a 42 : quelle probabilité y a-t-il que le plus jeune parvenu à 62 ans n'ait plus son frère ?

De 42 ans pour aller à 62 ans il y a 20 ans.

D'après la table de Déparcieux,

à 54 ans le nombre des vivants est . 538

à 54 + 20 ans, ou à 74 ans, il est de 231

La probabilité que le frère aîné a d'être vivant dans 20 ans est : $\frac{231}{538}$.

à 42 ans, le nombre des vivants est . . 643

à 42 + 20 ans, ou à 62 ans, il est de 437.

La probabilité que le jeune frère a d'être vivant dans 20 ans est $\frac{437}{643}$.

La probabilité que les deux frères seront vivants dans 20 ans est donc : $\frac{231 \times 437}{538 \times 643}$ ou $\frac{3}{10}$ environ.

Par suite, la probabilité demandée sera (N° 147)

$$1 - \frac{3}{10} \quad \text{soit } \frac{7}{10}.$$

Rentes viagères.

151. Une rente viagère est une somme payée chaque année à une personne jusqu'à la fin de sa vie.

On distingue :

1° Les rentes viagères immédiates qui commencent à être servies un an après la signature du contrat

2° Les rentes viagères différées qui ne commencent à être payées qu'après une époque convenue.

3° Enfin les rentes viagères temporaires qui ne sont servies que durant un certain temps.

Le capital nécessaire pour obtenir une rente viagère immédiate se paie en entier au moment de la signature du contrat ; alors il y a prime unique.

Le capital nécessaire pour obtenir une rente viagère différée se paie ou en une seule fois, et alors il y a prime unique, ou bien on paie une même somme au commencement de chaque année et seulement en cas de vie, jusqu'au moment où on commence à servir la rente, et alors il y a prime annuelle. En cas de mort les primes versées avant la jouissance de la rente ne sont pas rendues.

Dans le calcul des rentes viagères, le taux de l'intérêt composé est ordinairement de 4 ou de 4 1/2 p. %, et la table de mortalité employée, celle de Déparcieux.

152. Pour résoudre les questions sur les rentes, on a besoin d'un élément de calcul appelé espérance mathématique

L'espérance mathématique d'un gain plus ou moins probable est le produit de ce gain par la probabilité de l'obtenir.

153. Rente immédiate. Soient V_n le nombre des vivants du même âge que la personne qui veut acheter une rente viagère, V_{n+1} le nombre des vivants ayant un an de plus, V_{n+2} le nombre des vivants ayant 2 ans de plus.... V_{n+z} le nombre des vivants du dernier âge marqué dans la table, et P le

prime unique à payer pour avoir une rente annuelle de 1 franc.

La somme A qui doit être payée au bout d'un an a
pour valeur actuelle $\frac{A}{1+r}$, car (n° 134) $\frac{A}{1+r}$ deviendra au bout
d'un an $\frac{A(1+r)}{1+r}$, ou A

La probabilité qu'a la personne de vivre encore un an
est (n° 150) $\frac{V_{n+1}}{V_n}$

l'espérance mathématique pour cette probabilité sera donc

$$\frac{A}{1+r} \times \frac{V_{n+1}}{V_n}$$

La somme A qui doit être payée au bout de 2 ans a pour
valeur actuelle $\frac{A}{(1+r)^2}$, car $\frac{A}{(1+r)^2}$ deviendra au bout de 2 ans $\frac{A(1+r)^2}{(1+r)^2}$, ou A.

La probabilité qu'a la personne de vivre encore 2 ans est
$\frac{V_{n+2}}{V_n}$, et l'espérance mathématique pour cette probabilité sera :

$$\frac{A}{(1+r)^2} \times \frac{V_{n+2}}{V_n}$$

En continuant le même raisonnement, on trouvera que
l'espérance mathématique pour 3 ans sera

$$\frac{A}{(1+r)^3} \times \frac{V_{n+3}}{V_n} \quad . \; . \; . \; .$$

et celle correspondant au dernier âge marqué dans la table,

$$\frac{A}{(1+r)^z} \times \frac{V_{n+z}}{V_n} .$$

La somme des espérances mathématiques formant l'espérance totale, c'est-à-dire la valeur actuelle de la rente ou prime unique
sera donc :

$$P = \frac{A}{1+r} \times \frac{V_{n+1}}{V_n} + \frac{A}{(1+r)^2} \times \frac{V_{n+2}}{V_n} + \frac{A}{(1+r)^3} \times \frac{V_{n+3}}{V_n} \quad . \; . \; . \; . \quad \frac{A}{(1+r)^z} \times \frac{V_{n+z}}{V_n} .$$

ou en mettant $\frac{A}{V_n}$ en facteur commun.

$$P = \frac{A}{V_n} \left[\frac{V_{n+1}}{1+r} + \frac{V_{n+2}}{(1+r)^2} + \frac{V_{n+3}}{(1+r)^3} \ldots \ldots + \frac{V_{n+z}}{(1+r)^z} \right] \quad (1) .$$

En désignant par S_n la valeur de la parenthèse, on aura

$$P = A \times \frac{S_n}{V_n} \qquad\qquad (2)$$

Dans cette formule, $\frac{S_n}{V_n}$ exprime la prime unique pour une
rente annuelle de 1 franc.

Problème. I. Un particulier âgé de 88 ans veut se
procurer une rente viagère de 2000 fr. : quelle prime devra-t-il donner ?

En faisant dans la formule (1) A = 2000, $V_n = 88$ et $(1+r) = 1,04$,
on trouve :

$$P = \frac{2000}{V_{88}} \left[\frac{V_{89}}{1,04} + \frac{V_{90}}{(1,04)^2} + \frac{V_{91}}{(1,04)^3} + \frac{V_{92}}{(1,04)^4} + \frac{V_{93}}{(1,04)^5} + \frac{V_{94}}{(1,04)^6} + \frac{V_{95}}{(1,04)^7} \right]$$

Et en remplaçant V_{88}, V_{89}, V_{90} . . . . . par les nombres fournis par la table de Déparcieux, il vient :

$$P = \frac{2000}{22}\left(\frac{16}{1,04} + \frac{11}{(1,04)^2} + \frac{7}{(1,04)^3} + \frac{4}{(1,04)^4} + \frac{2}{(1,04)^5} + \frac{1}{(1,04)^6} + \frac{0}{(1,04)^7}\right)$$

$$P = \frac{2000}{22}\left(15,38461 + 10,17 + 6,23 + 3,41923 + 1,64384 + 0,7903 + 0\right)$$

$$P = 2000 \times \frac{37,63798}{22} = 2000 \times 1,7105 = 3421 \text{ fr.}$$

Ainsi, la prime à verser immédiatement par une personne de 88 ans pour avoir 2000 fr. de rente est de 3421 fr.

On voit par cet exemple, que la valeur de la parenthèse est très longue à calculer, surtout lorsque les termes sont nombreux; et la confection des tables en usage dans les Compagnies d'assurances a exigé un travail sérieux et assez long, malgré les simplifications qu'on a pu y apporter. (On trouvera, à la fin du volume, un tableau donnant la valeur de $\frac{S_n}{V_n}$, pour tous les âges compris entre 20 et 95 ans et aux taux de 4 p% et de 4 1/2 p%.)

Problème. Un oncle place en viager sur la tête de son neveu âgé de 20 ans, une somme de 30 000 fr. et au taux de 4,5 p%. Quelle sera la valeur de la rente annuelle ?

On a :
$$30\,000 = A \times \frac{S_{20}}{V_{20}}$$
$$30\,000 = A \times 16,624 \qquad (\text{voir le tableau}).$$
d'où $A = \dfrac{30\,000}{16,624} = 1804^f,62.$

La rente viagère sera donc : $1804^f,62$.

154. *Rente viagère différée.* Soit V_n l'âge d'une personne qui désire acquérir une rente dont elle ne commencera à jouir qu'après m années, c'est-à-dire lorsqu'elle aura $n + m$ années, A la valeur de cette rente, P la prime unique qu'elle devra donner pour l'obtenir et V_{n+m+z}, le dernier âge marqué dans la table de Déparcieux.

La somme A qui devra être payée après $m+1$ années a pour valeur actuelle $\dfrac{A}{(1+r)^{m+1}}$, car (N° 134) $\dfrac{A}{(1+r)^{m+1}}$ deviendra après $m+1$ années . . . . . . $\dfrac{A(1+r)^{m+1}}{(1+r)^{m+1}}$, ou A.

La probabilité qu'à la personne de vivre encore $m+1$ années pour en jouir est $\dfrac{V_{n+m+1}}{V_n}$

L'espérance mathématique pour cette probabilité sera donc

$$\dfrac{A}{(1+r)^{m+1}} \times \dfrac{V_{n+m+1}}{V_n}.$$

La somme A qui doit être payée au bout de $m+2$ années a pour valeur actuelle $\dfrac{A}{(1+r)^{m+2}}$.

La probabilité qu'à la personne de vivre encore $m+2$ ans est $\dfrac{V_{n+m+2}}{V_n}$, et l'espérance mathématique correspondante sera:

$$\dfrac{A}{(1+r)^{m+2}} \times \dfrac{V_{n+m+2}}{V_n}.$$

En continuant le même raisonnement on trouvera que l'espérance mathématique pour $m+3$ années, sera

$$\dfrac{A}{(1+r)^{m+3}} \times \dfrac{V_{n+m+3}}{V_n}$$

pour $m+4$ années

$$\dfrac{A}{(1+r)^{m+4}} \times \dfrac{V_{n+m+4}}{V_n}.$$

et celle correspondant au dernier âge marqué dans la table sera :

$$\dfrac{A}{(1+r)^{m+z}} \times \dfrac{V_{n+m+z}}{V_n}$$

La somme des espérances mathématiques formant l'espérance totale, c'est à dire la valeur actuelle de la rente ou prime unique sera :

$$P = \dfrac{A}{(1+r)^{m+1}} \times \dfrac{V_{n+m+1}}{V_n} + \dfrac{A}{(1+r)^{m+2}} \times \dfrac{V_{n+m+2}}{V_n} \cdots \dfrac{A}{(1+r)^{m+z}} \times \dfrac{V_{n+m+z}}{V_n}.$$

en mettant $\dfrac{A}{(1+r)^{m} \times V_n}$ en facteur commun, il vient

$$P = \dfrac{A}{(1+r)^{m} \cdot V_n} \left[\dfrac{V_{n+m+1}}{1+r} + \dfrac{V_{n+m+2}}{(1+r)^2} + \dfrac{V_{n+m+3}}{(1+r)^3} \cdots + \dfrac{V_{n+m+z}}{(1+r)^z} \right]$$

En désignant par S_{n+m} la valeur de la parenthèse, il vient :

$$P = A \times \dfrac{1}{(1+r)^{m}} \times \dfrac{S_{n+m}}{V_n}. \qquad (1)$$

Dans cette formule S_{n+m} est la même chose que S_n, dans celle du N° 153.

Problème 1. Quel capital devra verser une personne qui a 50 ans pour jouir après l'âge de 60 ans d'une rente annuelle et viagère de 2000 francs, à 4 1/2 p %.

En faisant dans la formule $A = 2000$; $(1+r)^{m} = (1,04)^{10}$ se

$1,552969$; $V_n = V_{50} = 581$; $S_{n+m} = S_{60} = 4327,434$ (Voir le tableau), on trouve :

$$P = \frac{2000 \times 4327,434}{1,552969 \times 581} = 9592^f,30$$

Problème II. Un négociant âgé de 35 ans, place une somme de 40 000 fr. pour acquérir une rente viagère dont il ne désire jouir qu'après qu'il aura 50 ans : quelle sera cette somme, si on la calcule au taux de 4 p %o ?

La formule (1) donne :

$$40000 \times \frac{A \times S_{50}}{(1,04)^{15} \times V_{35}}$$

Or $S_{50} = 7277,3736$ et $V_{35} = 694$

d'où $A = \dfrac{40\,000 \times 1,800944 \times 694}{7277,3736} = 6869^f,84$ ¢.

Problème III. Une personne âgée de 50 ans désire se faire pendant 10 ans une rente annuelle de 1200 fr. Quelle somme ou prime doit-elle verser immédiatement, si le taux convenu est 4 p %o ?

Pour résoudre ce problème, il suffit de remarquer que la prime à débourser égale celle qu'il faudrait donner pour une rente viagère immédiate, moins celle qui serait nécessaire pour obtenir une rente différée de 10 ans.

La première prime sera :

$$P = \frac{1200}{V_{50}} \times S_{50}$$

La seconde sera :

$$P' = \frac{1200 \times S_{60}}{(1,04)^{10} \times V_{50}}$$

Donc la prime P'' sera :

$$P'' = P - P' = \frac{1200}{V_{50}}\left(S_{50} - \frac{S_{60}}{1,04^{10}}\right) = 8755^f,84.$$

FIN.

Appendice.

Manière de fixer la position d'un point sur un plan.

1. Lorsqu'on veut fixer la position d'un point P sur un plan, on mène par ce point des parallèles à deux droites OX et OY tracées dans ce plan. La distance PA ou OB est appelée ordonnée du point P, tandis que la distance OA est l'abscisse du même point ; OA et PA considérées simultanément sont les coordonnées du point P.

Les droites OX et OY sont les axes des coordonnées et se désignent souvent, le premier sous le nom d'axe des x, le second sous celui d'axe des y.

Par convention, le point O où se coupent les axes est pris pour origine des distances, et on regarde comme positives les ordonnées mesurées au dessus de l'axe OX et comme négatives celles mesurées au dessous de cet axe ; de même, on regarde comme positives les abscisses comptées à droite de O sur OX et comme négatives celles comptées à gauche de O.

2. La position d'un point P est déterminée si on donne ses coordonnées.

Exemples

I. Soit à déterminer la position d'un point dont les coordonnées sont $x = 3$ et $y = 2$.

On porte sur OX et dans

le sens des valeurs positives une longueur ox égale à 3 fois l'unité adoptée, et sur OY dans le sens des valeurs positives une longueur oy égale à 2 fois l'unité ; les parallèles xP, yP aux axes se coupent en un point P qui est le point demandé.

En effet, les points de la droite yP sont les seuls qui aient une ordonnée égale à 2 et les points de xP sont les seuls qui aient une abscisse égale à 3 ; et comme ces droites ne se coupent qu'en un un point, il s'ensuit que ce point P satisfait seul aux conditions données.

II. Soit à déterminer les positions d'un point dont les coordonnées sont $x = -2$ et $y = 3$.

On porte sur OX, et à gauche du point O, une longueur ox égale à 2, et sur OY, au-dessus du point O, une longueur égale à 3. Les parallèles xP et yP se coupent en un point P qui est le point demandé.

On voit que la position d'un point dont les coordonnées sont $x = -2$ et $y = -2$ est en Q, et celle d'un point qui a pour coordonnées $x = 4$ et $y = -2$ est en R.

Représentation graphique d'une équation du premier degré

3. Une équation du premier degré à une inconnue peut toujours être ramenée à la forme

$$x = \frac{b}{a}$$

ou, en représentant $\frac{b}{a}$ par une seule quantité m,

$$x = m.$$

dans laquelle m est une quantité connue, positive ou négative, entière ou fractionnaire, monôme ou polynôme ou même nulle.

Cette équation, $x = m$, représente une droite dont

tous les points ont pour abscisse m : c'est donc une parallèle à l'axe des y.

Pour la construire, on porte sur OX, à droite ou à gauche du point O, suivant que m est positif ou négatif une longueur égale en valeur absolue à m; et par ce point on mène AB ou $A'B'$ parallèlement à l'axe des y. Tous les points des droites AB et $A'B'$ ont en effet pour abscisses $+m$ ou $-m$.

Une équation telle que
$$y = +b$$
représente une droite CD parallèle à l'axe des x.

Les équations $y=0$, et $x=0$ représentent l'une l'axe des X, l'autre l'axe des y.

Les droites AB et CD sont appelées les lieux géométriques exprimés par les équations $x=a$ et $y=b$.

4° Une équation du premier degré, à 2 inconnues, peut toujours être ramenée à la forme
$$ax + by = c$$
dans laquelle a, b et c sont des quantités connues.

Cette équation résolue par rapport à une des inconnues, y par exemple, donne
$$y = -\frac{ax}{b} + \frac{c}{b}.$$
remplaçons $-\frac{a}{b}$ par m et $\frac{c}{b}$ par n, il vient :
$$y = mx + n.$$

I. Supposons d'abord le cas où n est nul; alors l'équation a la forme
$$y = mx \quad \text{ou} \quad \frac{y}{x} = m.$$

Si m est positif, x et y auront même signe. Donnons à x une valeur quelconque positive par exemple $x = OB$

menons BA parallèle à OY et prenons sur l'axe des y, ou mieux sur BA une longueur $y = BA$ telle qu'on ait $\frac{AB}{OB} = m$; A est un point du lieu cherché.

Donnons encore à x une valeur quelconque négative, $x = OB'$ menons $B'A'$ parallèle à l'axe des y et prenons sur cette droite une longueur négative $y = B'A'$, telle qu'on ait $\frac{-A'B'}{-OB'} = m$. A' est encore un point du lieu.

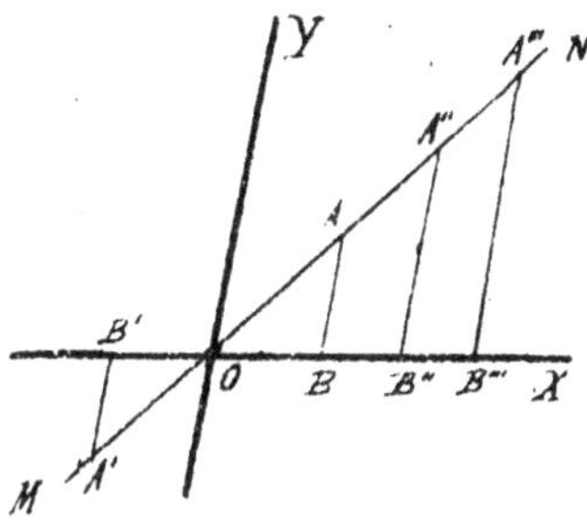

Soient encore A'', A'''... d'autres points construits de la même manière, on aura:

$$m = \frac{AB}{OB} = \frac{A'B'}{OB'} = \frac{A''B''}{OB''} = \frac{A'''B'''}{OB'''}$$

alors les triangles AOB, $A'OB'$, $A''OB''$, $A'''OB'''$... sont semblables comme ayant en B, B', B''... un angle égal compris entre des côtés proportionnels ; donc les angles OAB, $OA'B'$, $OA''B''$, $OA'''B'''$... sont égaux, et il en résulte que les points A, A', A'', A''' appartiennent à la droite MM' qui passe par l'origine.

Si m était négatif, x et y auraient des signes contraires et le lieu serait une droite $M'N'$ passant par l'origine et dans les angles $X'OY$ et XOY'.

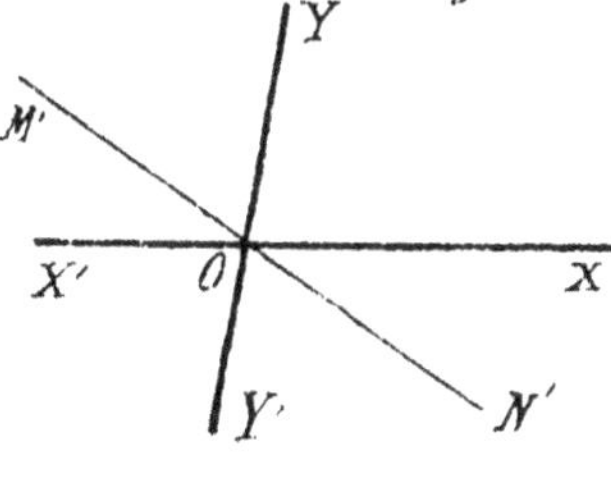

Ainsi le lieu géométrique représenté par une équation du premier degré de la forme

$$y = mx$$

est une droite passant par l'origine O.

Pour construire ce lieu, il suffit de déterminer un point quelconque et de tracer la droite qui passe par ce point et par l'origine.

Exemples

I. Construire le lieu représenté par l'équation

$$3y = 5x,$$
$$\frac{y}{x} = \frac{5}{3}.$$

Prenons sur l'axe des x une longueur OA égale à 3 unités; menons BA parallèle à l'axe des y et égale à 5 unités; joignons le point B au point O et menons la droite MN qui est le lieu demandé.

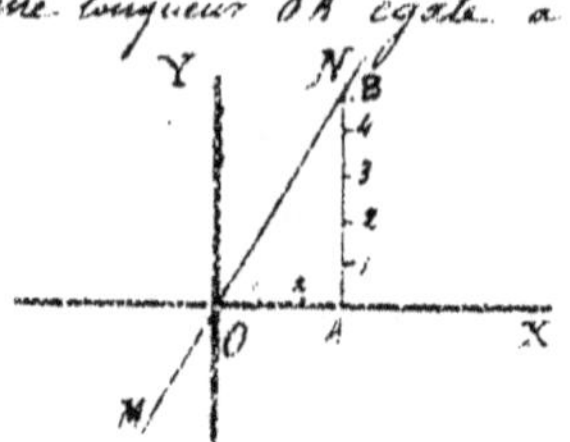

II. Construire le lieu représenté par l'équation
$$x = -4y \ , \ \text{ou} \ \frac{x}{y} = -\frac{4}{1} \ .$$

Prenons sur l'axe des x, une longueur OB égale à -4; menons BA parallèle à l'axe des y et égale à $+1$; la droite AR est le lieu demandé.

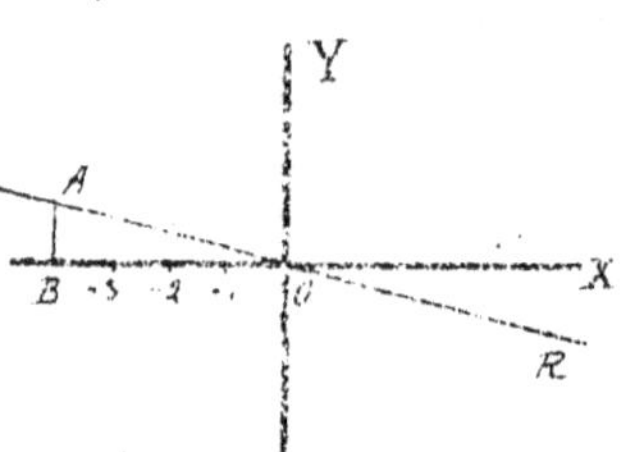

Supposons maintenant le cas où dans l'équation
$$y = mx + n \ ,$$
n n'est pas nul.

Si nous comparons cette équation avec la précédente
$$y = mx \ ,$$
nous voyons que les ordonnées y correspondant à une même abscisse x, diffèrent constamment d'une longueur fixe n.

Dès qu'on aura construit le lieu représenté par l'équation $y = mx$, on obtiendra le lieu représenté par $y = mx + n$, en augmentant ou en diminuant suivant le signe de n, toutes les ordonnées de la valeur absolue de n.

Exemple. Si AR' représente l'équation $y = mx$, RR' représentera l'équation: $y = mx + n$.

Ainsi le lieu géométrique représenté par une équation du premier degré à 2 inconnues est une ligne droite.

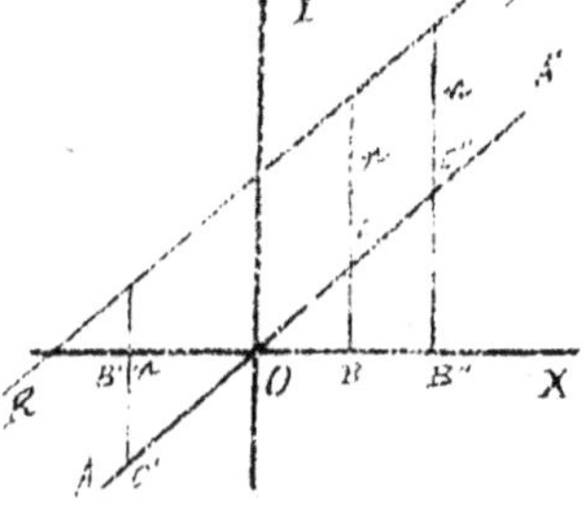

Pour construire cette droite, il suffit de connaître deux de ses points ; et ceux que l'on cherche de préférence sont ceux où elle coupe les axes.

Exemples.

I. Construire la droite représentée par l'équation.

$$4x + 6y = 12.$$

Si dans cette équation on fait $x = 0$, on trouve $y = 2$;

et si l'on fait $y = 0$, on trouve $x = 3$.

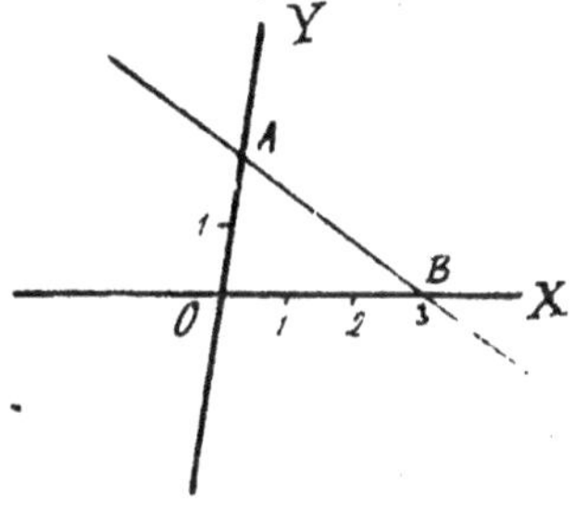

D'où l'on voit qu'à une abscisse nulle correspond une ordonnée égale à 2, et qu'à une ordonnée nulle correspond à une abscisse égale à 3. On porte sur l'axe des y une longueur OA égale à 2 unités et sur l'axe des x une longueur OB égale à 3 unités. AB est la droite demandée.

II. Construire la droite représentée par l'équation

$$2x - 5y = 6.$$

Si l'on fait $x = 0$, on trouve $y = -\dfrac{6}{5}$

et si l'on fait $y = 0$, on trouve $x = 3$.

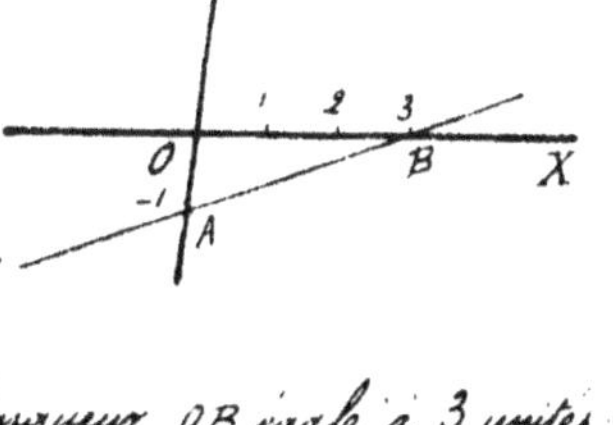

On porte sur l'axe des y une longueur OA égale à $-\dfrac{6}{5}$ d'unité, et sur l'axe des x une longueur OB égale à 3 unités. AB est donc la droite demandée.

Interprétation géométrique des racines de l'équation du second degré à une inconnue.

5. Nous savons qu'une équation du second degré à une inconnue peut toujours être ramenée à la forme

$$x^2 + px + q = 0$$

et que ses racines sont :

$$x' = -\frac{p}{2} + \sqrt{\frac{p^2}{4} - q} \quad ; \quad x'' = -\frac{p}{2} - \sqrt{\frac{p^2}{4} - q}.$$

Faisons $-\frac{p}{2} = m$ et $+\sqrt{\frac{p^2}{4}-q} = n$, et les racines deviennent :

$$x' = m + n$$
$$x'' = m - n$$

Pour construire ces va-
leurs de x' et de x'', on porte
sur l'axe des x deux longueurs
OA et OB égales, la première
à la valeur absolue de $m+n$,
la seconde à la valeur absolue de $m-n$. On mène
les parallèles CD, EF à l'axe des y : ces parallèles représentent les deux racines de l'équation.

En effet, tous les points de la droite CD ont pour
abscisse $m+n$, et tous les points de la droite EF ont pour
abscisse $m-n$, et dans le plan il n'y a pas d'autres points
qui aient ces abscisses.

Ainsi le lieu des points représentés par une équation du second degré à une inconnue se compose généralement de deux droites parallèles

Remarque I. la droite MN représentant la quan-
tité m, on obtient immédiatement les racines x' et x'' en
augmentant et en diminuant successivement de n l'abscisse de la droite m.

Remarque II. Lorsque les deux racines x' et x''
sont positives, les parallèles qui les représentent se trouvent
à droite de OY ; si elles sont négatives, les parallèles sont à
gauche de OY ; si l'une est positive et l'autre négative, les
parallèles sont de part et d'autre de l'axe des y ; enfin si les
racines sont imaginaires on ne peut les représenter graphiquement

Exemples I construire
les racines de l'équation.
$$x^2 - 2x - 8 = 0$$
Ces racines sont —
$$x' = 4 \quad \text{et} \quad x'' = -2 .$$
Elles sont représentées par les droites AB, CD

II. Construire les racines de l'équation.
$$x^2 + 4x + 3 = 0.$$
Ces racines sont :
$$x' = -1 \quad ; \quad x'' = -3$$
Elles sont représentées par les droites EF et GH.

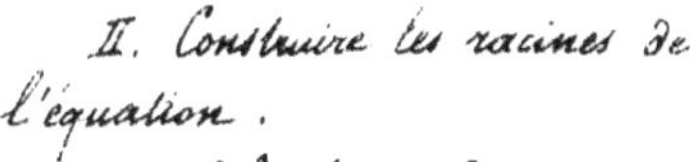

III. Construire les racines de l'équation $x^2 - 8x + 20 = 0$.
Ces racines étant imaginaires, il est impossible de les construire.

Représentation graphique des variations du trinome du second degré.

6. Considérons un trinome quelconque du second degré $x^2 - 4x + 3$.

Appelons y sa valeur et cherchons à représenter par une courbe les variations de ce trinome lorsqu'on donne à x des valeurs arbitraires.

Posons : $y = x^2 - 4x + 3$.

Si nous faisons $x = 0$, on trouve pour valeur du trinome $y = +3$. portons donc sur OY la valeur positive 3 et marquons le point A.

Faisons $x = +1$, et la valeur du trinome devient $y = 0$. Marquons encore le point B situé sur OX et ayant pour coordonnées $x = 1$ et $y = 0$.

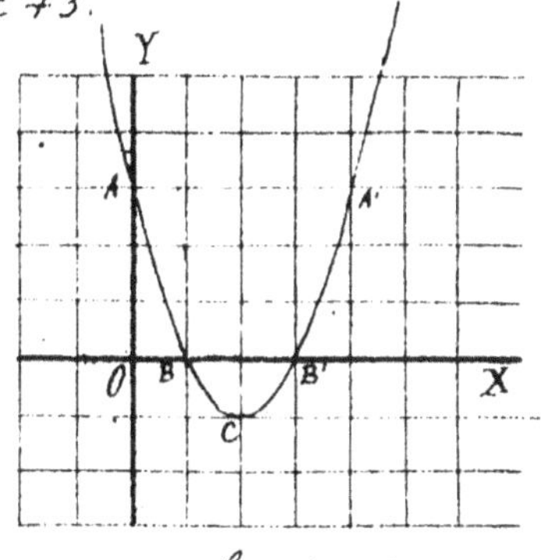

Faisons $x = +2$ d'où $y = -1$ et marquons le point C ayant pour coordonnées $x = 2$ et $y = -1$

Faisons encore $x = 3$, d'où $y = 0$, et marquons le point B' ayant pour coordonnées $x = 3$ et $y = 0$

pour $x = 4$, on trouve $y = +3$, ce qui donne le point A'

pour $x = +5$, " $y = +8$

pour $x = -1$, " $y = -8$

et ainsi de suite

En joignant les différents points $A, B, C, A', B'...$ par un trait continu, on obtient une courbe dont les deux branches sont infinies, et qui représente les variations du trinome proposé.

Cette courbe montre :

1° Que le trinome s'annule pour $x = 1$ et $x = 3$; 1 et 3 sont en effet les racines du trinome $x^2 - 4x + 3$ égalé à 0.

2° Que le trinome reste positif pour toute valeur de x plus grande que 3 et plus petite que 1. On sait en effet que le trinome conserve le signe de son premier terme pour toute valeur de x non comprise entre les deux racines.

3° Que le trinome est négatif pour $x = 2$ et en général pour toute valeur plus grande que 1 mais plus petite que 3. On sait en effet que le trinome prend un signe contraire à celui de son premier terme pour toute valeur de x comprise entre les deux racines.

7. En général, lorsque le trinome
$$ax^2 + bx + c$$
ramené à la forme
$$a(x^2 + px + q).$$
est égalé à zéro, si le radical $\sqrt{\frac{p^2}{4} - q}$ est positif, le trinome a deux racines réelles, et la courbe qui représente ses variations affecte la forme de la fig. 1 et rencontre l'axe des x en 2 points qui marquent les racines de ce trinome.

Si $\sqrt{\frac{p^2}{4} - q} = 0$, le trinome a ses 2 racines égales et la courbe qui représente ses variations ne rencontre l'axe des x qu'en un point, c'est-à-dire qu'elle est tangente à cet axe.

Telle est la courbe, fig. 2, qui représente les variations du trinome $x^2 - 4x + 4$.

Enfin si $\sqrt{\frac{p^2}{4} - q}$ est négatif, le trinome a ses racines imaginaires et la courbe qui représente ses variations ne rencontre pas l'axe des x.

Telle est la courbe, fig. 3, qui représente les variations du trinome

$$x^2 - 2x + 2.$$

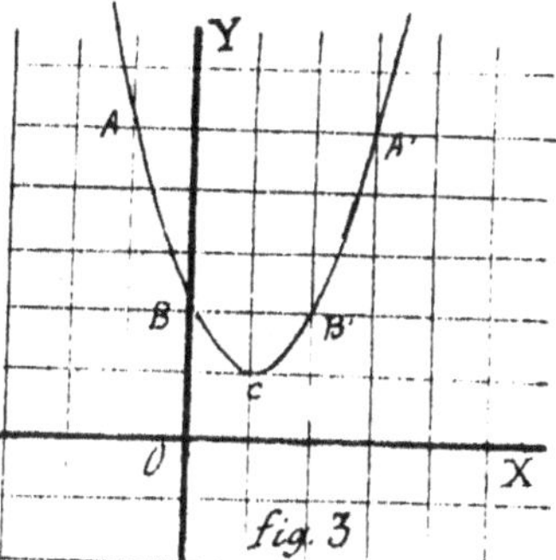

Dans les deux dernières courbes, on voit que le trinome conserve toujours le signe de son premier terme, quelle que soit la valeur donnée à x.

Si les racines du trinome étaient négatives, la courbe aurait la forme de la fig. 4 laquelle représente les variations du trinome

$$x^2 + 4x + 3.$$

Enfin, si le premier terme du trinome était négatif, la courbe affecterait la forme de la fig. 5, laquelle représente les variations du trinome

$$-x^2 + x + 2$$

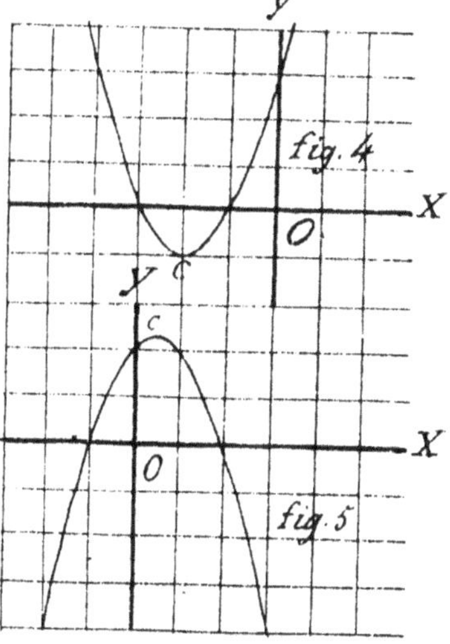

On peut remarquer, dans toutes ces courbes, que la parallèle à l'axe des Y, passant par le sommet C, représente la valeur exprimée par $x = -\frac{p}{2}$.

Tableau [1].

Des annuités à payer pour procurer un capital définitif de 100 fr. au bout de 20 ans, de 21 ans, de 22 ans … et ainsi de suite jusqu'à 50 ans, au taux de 4 ¼ p% les intérêts se capitalisant chaque semestre.

Nombre d'années	Annuités		Nombre d'années	Annuités
20	3,222374		36	1,198 960
21	2,996114		37	1,136 382
22	2,791676		38	1,077 716
23	2,606206		39	1,022 652
24	2,437322		40	0,970 916
25	2,283025		41	0,922 254
26	2,141628		42	0,876 440
27	2,011682		43	0,833 270
28	1,891956		44	0,792 554
29	1,781382		45	0,754 124
30	1,679036		46	0,717 820
31	1,584116		47	0,683 504
32	1,495916		48	0,651 044
33	1,413816		49	0,620 320
34	1,337270		50	0,591 220
35	1,265796			

[1] Ce tableau est extrait du Dictionnaire des Mathématiques appliquées par Mr H. Sonnet.

Table
de la mortalité en France,
d'après Duvillard.

Âges	Vivants	Âges	Vivants	Âges	Vivants	Âges	vivants.
0	1 000 000	28	451 635	56	248 782	84	15 175
1	767 525	29	444 932	57	240 214	85	11 886
2	671 834	30	438 183	58	231 488	86	9 224
3	624 668	31	431 398	59	222 605	87	7 165
4	598 713	32	424 583	60	213 567	88	5 670
5	583 151	33	417 744	61	204 380	89	4 686
6	573 025	34	410 886	62	195 054	90	3 830
7	565 838	35	404 012	63	185 600	91	3 093
8	560 245	36	397 123	64	176 035	92	2 466
9	555 486	37	390 219	65	166 377	93	1 938
10	551 122	38	383 300	66	156 651	94	1 499
11	546 888	39	376 363	67	146 882	95	1 140
12	542 630	40	369 404	68	137 102	96	850
13	538 255	41	362 419	69	127 347	97	621
14	533 711	42	355 400	70	117 656	98	442
15	528 969	43	348 342	71	108 070	99	307
16	524 020	44	341 235	72	98 637	100	207
17	518 863	45	334 072	73	89 404	101	135
18	513 502	46	326 843	74	80 423	102	84
19	507 949	47	319 539	75	71 745	103	51
20	502 216	48	312 148	76	63 424	104	24
21	496 317	49	304 662	77	55 511	105	16
22	490 267	50	297 070	78	48 057	106	8
23	484 083	51	289 361	79	41 107	107	4
24	477 777	52	281 527	80	34 705	108	2
25	471 366	53	273 560	81	28 886	109	1
26	464 863	54	265 450	82	23 680	110	0
27	458 282	55	257 193	83	19 106	»	

Table
de la mortalité en France,
d'après Déparcieux.

Âges	Vivants	Âges	Vivants	Âges	Vivants	Âges	Vivants
0	1286	24	782	48	599	72	271
1	1071	25	774	49	590	73	251
2	1006	26	766	50	581	74	231
3	970	27	758	51	571	75	211
4	947	28	750	52	560	76	192
5	930	29	742	53	549	77	173
6	917	30	734	54	538	78	154
7	906	31	726	55	526	79	136
8	896	32	718	56	514	80	118
9	887	33	710	57	502	81	101
10	874	34	702	58	489	82	85
11	872	35	694	59	476	83	71
12	866	36	686	60	463	84	59
13	860	37	678	61	450	85	48
14	854	38	671	62	437	86	38
15	848	39	664	63	423	87	29
16	842	40	657	64	409	88	22
17	835	41	650	65	395	89	16
18	828	42	643	66	380	90	11
19	821	43	636	67	364	91	7
20	814	44	629	68	347	92	4
21	806	45	622	69	329	93	2
22	798	46	615	70	310	94	1
23	790	47	607	71	291	95	0

Tableau [1]

donnant la valeur actuelle d'une rente viagère
de 1 fr. sur la tête d'une personne âgée de n années.
et à 4.½ p% (formule $\frac{S_n}{V_n}$).

âges	Valeur de $\frac{S_n}{V_n}$	âges	Valeur de $\frac{S_n}{V_n}$	âges	Valeur de $\frac{S_n}{V_n}$
20	16,624	44	13,403	68	6,814
21	16,544	45	13,164	69	6,511
22	16,462	46	12,913	70	6,221
23	16,377	47	12,672	71	5,925
24	16,289	48	12,419	72	5,648
25	16,198	49	12,176	73	5,373
26	16,104	50	11,921	74	5,101
27	16,006	51	11,675	75	4,836
28	15,905	52	11,440	76	4,553
29	15,800	53	11,195	77	4,281
30	15,691	54	10,938	78	4,025
31	15,578	55	10,691	79	3,763
32	15,460	56	10,433	80	3,533
33	15,338	57	10,163	81	3,313
34	15,211	58	9,902	82	3,114
35	15,078	59	9,631	83	2,895
36	14,941	60	9,346	84	2,641
37	14,797	61	9,049	85	2,392
38	14,624	62	8,738	86	2,158
39	14,444	63	8,433	87	1,955
40	14,254	64	8,114	88	1,693
41	14,056	65	7,780	89	1,433
42	13,849	66	7,451	90	1,178
43	13,631	67	7,129		

[1] Ce tableau est extrait de l'Algèbre de Mr Sonnet.

Tableau.

donnant la valeur actuelle d'une rente viagère
de 1 fr. sur la tête d'une personne âgée de n années.
et à 4 p% (formule $\frac{S_n}{V_n}$).

âges	Valeur de $\frac{S_n}{V_n}$	âges	Valeur de $\frac{S_n}{V_n}$	âges	Valeur de $\frac{S_n}{V_n}$
20	17,9380	45	13,9042	70	6,3938
21	17,8407	46	13,6250	71	6,0837
22	17,7404	47	13,3567	72	5,7940
23	17,6369	48	13,0765	73	5,5059
24	17,5299	49	12,8070	74	5,2218
25	17,4196	50	12,5256	75	4,9455
26	17,3056	51	12,2547	76	4,6520
27	17,1877	52	11,9953	77	4,3758
28	17,0659	53	11,7248	78	4,1052
29	16,9399	54	11,4434	79	3,8346
30	16,8095	55	11,1727	80	3,5962
31	16,6745	56	10,8908	81	3,3696
32	16,5347	57	10,5972	82	3,1641
33	16,3899	58	10,3140	83	2,9395
34	16,2346	59	10,0196	84	2,6796
35	16,0840	60	9,7130	85	2,4243
36	15,9224	61	9,3933	86	2,1847
37	15,7548	62	9,0597	87	1,9773
38	15,5557	63	8,7339	88	1,7105
39	15,3487	64	8,3942	89	1,4461
40	15,1326	65	8,0394	90	1,1873
41	14,9075	66	7,6910	91	0,9410
42	14,6726	67	7,3503	92	0,7119
43	14,4274	68	7,0187	93	0,4807
44	14,1714	69	6,6988	94	0,0000

Errata.

Page 24, ligne 24ᵉ. au lieu de $\frac{ad}{bd}$, lisez . . . . . . $\frac{ad}{bc}$.

Page 71. au titre, „ segond „ second.

Page 103, lignes 30 et 34 „ $\dfrac{x-4}{x^2-3m-3}$ „ $\dfrac{x-4}{x^2-3x-3}$

Page 105, ligne 27ᵉ. „ $\dfrac{bx-2x^2+1}{x^2+1}=m$; supprimez $=m$.